LUXURY HOTEL—MAGIC CODE IN SHELL

奢华酒店
从来不说的设计秘诀②

◎ 欧朋文化 策划　黄滢 马勇 主编

华中科技大学出版社
http://www.hustp.com
中国·武汉

目录 | CONTENTS

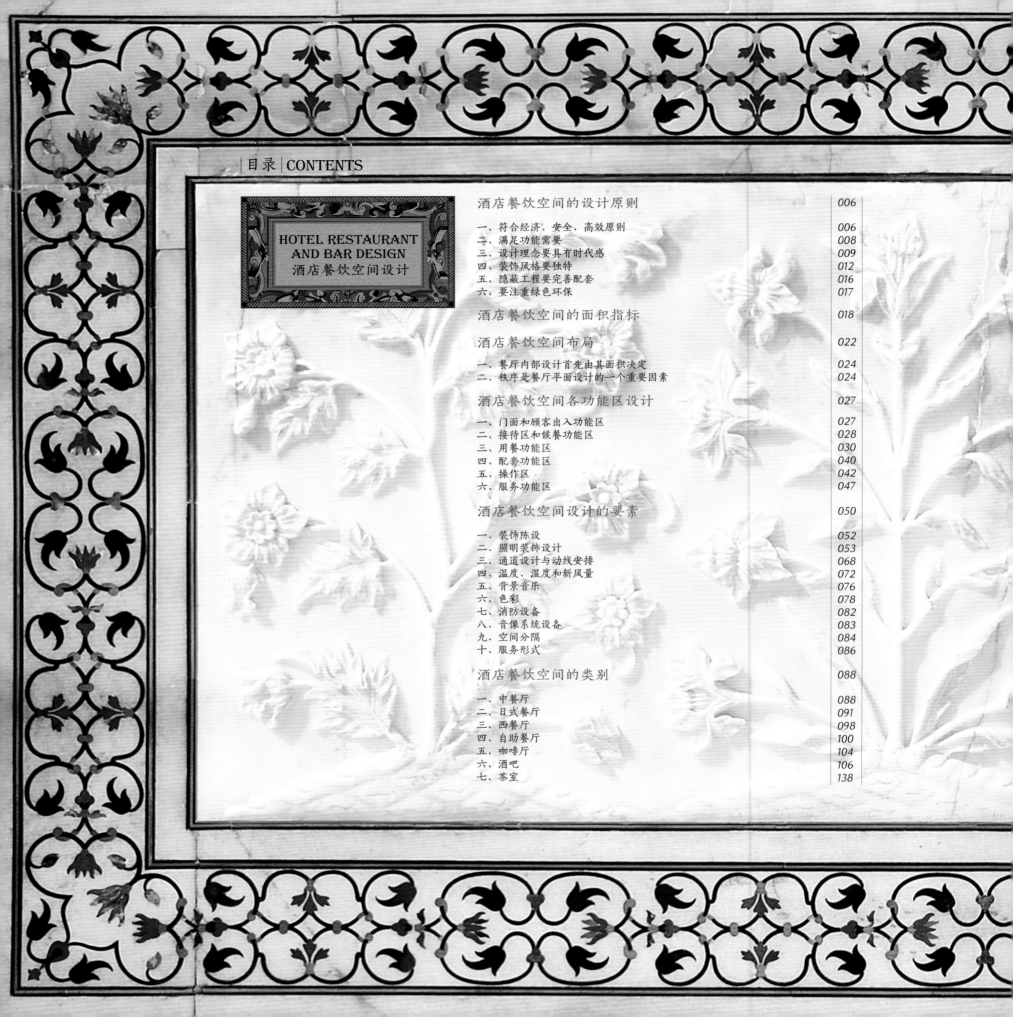

HOTEL RESTAURANT
AND BAR DESIGN
酒店餐饮空间设计

MULTI FUNCTIONAL CONFERENCE AREA DESIGN
多功能会议区

SPORTS AND RECREATION SPACE DESIGN
康体娱乐空间设计

LEISURE AND ENTERTAINMENT FACILITIES DESIGN
休闲娱乐设施设计

酒店餐饮空间设计
HOTEL RESTAURANT AND BAR DESIGN

曼谷文华东方酒店内的 The China House 位于翻修后的两层殖民风格建筑内，装饰灵感来源于唯美的海派艺术风格，深色的家具、幽暗的灯光氛围，彰显着厚重的古典风韵。

曼谷文华东方酒店

餐饮空间作为一个为宾客提供多种餐饮文化服务的场所，是酒店最重要的经营部门和创收部门。

酒店的餐饮形式多种多样，受酒店的市场定位、经济效益和酒店文化的影响，通常设置有中餐厅、西餐厅、酒吧、咖啡厅等，同时也根据酒店的经营特色设置一些特色餐饮，如日本料理、阿拉伯风味、韩式餐厅等具有地域特色的餐厅。由于这些餐饮设施的服务对象、餐饮内容、规格、水平不尽相同，其餐厅装修设计和装饰必须分别进行，使之各具特色。酒店餐饮空间的装修风格和布局效果，体现着酒店餐厅的档次和经营风格。

虽然这些餐饮空间属于不同的星级酒店，但其亦有共同的空间构成与设计要素。一般说来，餐饮空间主要由餐饮区、厨房区、卫生设施、衣帽间、门厅或休息前厅构成，这些功能区与设施构成了完整的餐饮功能空间。

香港丽思卡尔顿酒店

The lounge & bar 位于香港丽思卡尔顿酒店 102 层，尽览香港天际线的壮丽景致。瑰丽华美的室内设计流露出时尚气息，具有东方色彩的巨型水晶火炉灯"从天而降"，使得整个空间更具视觉冲击力。

酒店餐饮空间的设计原则

一、符合经济、安全、高效原则

完美、合理的餐厅设计不是单纯追求材料的昂贵，而是要通过装饰布置、色彩线条来体现风格。餐厅设计主要从以下几方面来考虑：

（1）经济性。要求设计出的餐厅在同档次餐厅中投资较少，而获取的收益最大。由于餐厅面积的利用程度直接影响到接待能力和营业收入，所以各种设计布置不应占据太多营业空间。

（2）安全性。指餐厅内的布局要合理、实用，保证用餐区内顾客、产品、服务员和设备的流动畅通，无安全隐患。具体包括：在用餐区要为员工提供安全的工作空间，为顾客提供公共通道，保证用餐区的卫生、整洁。

（3）高效性。主要指用餐区的设备、设施维修方便，费用较低；用餐区的高效节能，如最大限度地利用自然采光，或者与饭店大堂共享喷泉、流水等室内景观，以充分利用餐厅营业空间，并给客人带来乐趣；餐厅设计要为顾客提供舒适的环境。

餐厅是在一个庭院上方加盖一张永久性的白幔后改制而成的。自然光在白天也能透过白色的织物洒满整个餐厅。白蓝两色的餐椅交错摆放，配以童话般的玻璃纤维小鹿雕塑以及位于餐厅中部且银装素裹的大树，蓝色的雄鹿仰头看树上的小松鼠，另外一只粉色的雌鹿望向远方，似乎会随时跳跃或者起舞，为餐厅平添了一丝荒诞的艺术气息。餐厅的主厅还增设了一个小餐厅、两个私人用餐室、一个葡萄酒冰柜及酒吧，以及一直延伸至酒店内的露天庭院。

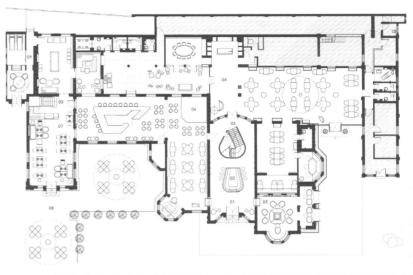

二、满足功能需要

（1）在餐厅入口处设立收款员、引座员柜台，以结账收款，控制进出，并设衣帽间。

（2）将餐厅分为若干小区，在营业低峰时可以关闭部分小区。

（3）餐桌要有大小不同的规格，以便招待人数不同的各批顾客。

（4）10％的座位要建成火车座式，供单身顾客使用。

（5）餐厅里应设食品陈列柜。

（6）大约每100个座位设一个服务台，用于为顾客提供水、咖啡，换台布，置放从餐桌上撤换的餐具等。

（7）使用可变灯光调节装置，以便营造不同的用餐气氛。

（8）缩短服务距离：食品制作点到餐厅最远处餐桌距离最短。

（9）避免餐厅与厨房的人流、物流交叉。

三、设计理念要具有时代感

现代酒店餐厅要始终以消费者的体验为核心，所以酒店餐厅在进行装修设计布局之初，就应当采用与当下时代潮流相符的装修设计新理念，在突出酒店餐厅的经营主题和特色的同时，要能够满足消费者对酒店餐厅"舒适""有档次"空间环境的心理需求。

卓美亚美希拉海滩水疗酒店

餐厅是一个狭长的空间，内设两种不同的座位区，以便招待需求不同的顾客。一面为沿墙壁摆放的弧形沙发区，对面是灯光较为明亮、华美的开放式布局区。餐厅以蓝色为底色，中间点缀一些黄色，营造出明亮的感觉。

Le 1947 美食餐厅根据 Cheval Blanc 城堡悠远的历史年份命名，由室内设计师 Sybille de Margerie 设计，运用青铜色、巧克力色和山顶白色等色彩搭配，以及 Christian Liaigre、Patricia Urquiola、Olivier Gagnère、Ettore Sottsass 的设计作品和 Poltrona Frau 的白色皮革座椅营造出优雅时尚的用餐空间，与山里的环境融为一体。

巴黎文华东方酒店

白色的 Sur Mesure par Thierry Marx 餐厅，温柔得像一个蚕茧，旨在为宾客提供一个远离喧嚣的静谧空间，而其灵感正是源自法国的时尚女装。白色的柔软布面装饰在天花板和墙面上，而布面形成的褶皱也成了空间最有个性的肌理。这样一件典雅的"华服"，是由艺术家 Heidi Winge Strom 与设计师共同完成的。

杭州JW万豪酒店

杭州JW万豪酒店的亚洲风尚餐厅设计精致典雅，特色背景墙采用高品质的玛瑙石材，以菱形的钻石方阵布局，中间并以鱼群穿梭，留下层层涟漪，再创湖景风味与丰富的视觉和味觉飨宴。餐厅装饰吊灯以略有曲线形的玻璃元素进行表达，与典雅风格的背景墙交相辉映。布艺材质的挑选以蓝天、湖景为灵感溯源，呼应自然。

四、装饰风格要独特

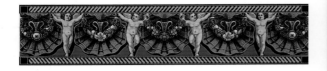

　　现代酒店餐厅的装饰布局风格更多的要体现一种"完美舒适即是豪华"的设计理念，所以酒店餐厅需要一改传统的繁琐复杂的设计手法，通过巧妙的几何造型、主体色彩的运用和富有节奏感的"目的性照明"烘托，营造出简洁、明快、亮丽的装饰风格和方便、舒适、快捷的经营主题。要让酒店餐厅的空间自然延伸，并与室外绿色景观融为一体，酒店餐厅的装饰要突出舒适感和人性化的设计理念。

犹如海底世界般的就餐环境，天花的晶蓝如同水幕一般，珊瑚历历可数，游鱼仿佛触手可及，带给客人梦幻般的体验。

马尔代夫安纳塔拉克哈瓦岛度假村的 Sea. Fire. Salt. Sky. 餐厅建筑体现了独一无二的水域就餐概念，将马尔代夫水下及水上的风光以混合的方式展现出来，让客人沉浸在诱人的美味的同时又可欣赏只有咫尺之遥的神仙鱼在多彩的海底游弋，为安纳塔拉克哈瓦岛别墅所独有。

作为世界第一家水下俱乐部，Subsix 现代化的设计极富海洋风情，接连穹顶的窗户组成了空间的墙壁，提供美轮美奂的海洋夜景。

餐厅的照明设计是整个空间设计的亮点所在，按照功能区域，黄色和蓝色灯光照度拉开梯度，餐桌面和展示空间照度偏高，而交通空间和过渡空间的照度则稍微偏低一些。因为照度过高，一切清晰可见，缺乏私密感；照度过低，又无法满足人们的就餐需求。

卓美亚美希拉海滩水疗酒店

五、隐蔽工程要完善配套

　　打造绿色环保型酒店，完善配套隐蔽工程，是酒店餐厅装修设计布局的重要目标之一。要对所有的配套管线和效率低、能耗高、不利于环境保护的设备，进行全面更新改造，以及对周边环境进行绿化、美化、亮化。并根据整体布局，对隐蔽管线走向作相应的调整，为酒店整体经营的经济性、安全性、环保性和舒适性打下良好的基础。

迪拜唯一棕榈酒店

　　Yannick Alleno 设计的 STAY 餐厅，以木制高墙衬托出极致豪华的背景，采用黑、铜、银三种色调，力求突破传统的高级餐饮装饰。餐厅以勃艮第葡萄酒般的深红色点缀空间，搭配拱形天花与波希米亚黑水晶吊灯，为餐厅营造出时尚、瑰丽、高雅的气氛。

六、要注重绿色环保

　　绿色环保已经成为越来越多的消费者所追捧的消费理念，也是未来酒店餐厅发展的重要趋势之一。所以，酒店餐厅在进行装修设计时，要把"绿色标准"作为设计原则之一，这样既可以满足消费者对低碳绿色环保消费的需求，又能够起到节约酒店餐厅的经营成本、提高营业利润的双重效果。

　　ZEST 餐厅是度假村酒店的主餐厅，餐厅里偌大的落地玻璃窗，配合富有现代感的装潢与布置，营造出极为优雅明亮的用餐氛围。玻璃制成的叶片及切割加工的水晶吊灯，充分突显阿拉伯风格的华丽装饰特色，搭配适当的绿植，营造出仿如温室的用餐环境。

酒店餐饮空间的面积指标

餐厅的面积指标以每个座位的平均面积为衡量单位。一般与餐座形式、饭店的星级、餐厅的等级等因素有关。

据有关资料统计，根据餐厅的等级档次、所提供的餐饮品风格（如中餐、西餐、日餐等）、餐饮经营形式（如大型宴席厅、一般散客餐厅、快餐厅、自助餐厅、咖啡厅等）、餐饮服务形式（如宴席服务、自助餐服务、柜台餐饮服务、自选或超市餐饮等）等因素的不同，餐厅的面积指标有较大的差异。常用的餐饮配置面积标准如下：

大型豪华宴席厅的面积指标为 1.8 ~ 2.5 m²/餐座；

大型宴席厅的面积指标为 1.5 ~ 2 m²/餐座；

普通大众型餐厅的面积指标为 1.2 ~ 1.5 m²/餐座；

咖啡厅的面积指标为 1.5 ~ 1.8 m²/餐座；

酒吧的面积指标为 1.8 ~ 2 m²/餐座；

自助餐厅的面积指标为 0.8 ~ 1.4 m²/餐座。

影响餐厅面积指标差异还有以下一些方面：

采用圆形餐台比采用方形餐台的面积指标要高；

小型餐厅由于受出入口多的影响，平均面积指标较大型餐厅要高；

主题酒吧、主题餐厅因增加其他服务，其面积指标也较高；

雅间单房因受四面墙壁的约束，其面积指标也较高。

梅恩波特设计酒店

餐厅的设计较为大胆，一整面背景墙上都装饰着砖红色的图案，充满异域色彩。靠窗位置的餐桌区则在吊灯的背板上装饰着夸张的花纹，虽然两边的花纹相似，但不同的配色方案赋予了它们不同的效果。一边是浓重的异域风，另一边则是简洁的时尚感，极具冲击力的碰撞呈现出另类的艺术效果。

帝国艺术装饰酒店的 Café Imperial 建于 1914 年，颇具历史感，是布拉格历史最悠久、最著名、最美轮美奂的咖啡室。咖啡室的艺术装饰风格给人以深刻印象，空间内饰典雅高贵，到处布满了繁复的装饰瓷砖，甚至墙壁和柱子也覆盖有植物和动物的图案，让人感觉眼花缭乱。

帝国艺术装饰酒店

天鹅绒坐垫、瓷砖地板上美丽的地毯、色彩鲜艳的窗帘和令人印象深刻的摩洛哥和叙利亚风格装饰，使得 Al-Halabi Lounge 的设计充满异国情调，让人沉浸在中东的魅力当中。

Benjarong 餐厅位于迪拜都喜天阙酒店 24 层，雄伟的内部设计很像国王拉玛四世皇家餐厅，装潢典雅讲究，温馨的暖系色调与浓郁的泰式风情，让人感受到高级餐厅的派头。餐厅所有极具泰式风情的装饰、桌椅、雕花，甚至木梁、木板，也都是源自泰国。

酒店餐饮空间布局

餐厅的总体布局是通过交通空间、使用空间、工作空间等要素的完美组织所共同创造的一个整体，它的布局应根据酒店整体布局进行，以构成完整的系统并适应酒店经营。作为一个整体，餐厅的空间设计首先必须合乎接待性和便利性这两个基本要求，同时还要追求更高的审美和艺术价值。

餐厅空间一般布置在酒店公共活动区域中旅客和公众最容易到达的部位，同时必须考虑餐厅和厨房的紧密关系。需要注意人与物的流线以及餐饮空间内部与其他部分之间既紧密联系又互不干扰的关系。

原则上说，餐厅的总体平面布局不可能有一种放诸四海而皆准的真理，但是它确实也有不少规律可循，并能根据这些规律创造相当可靠的平面布局效果。

杭州西子湖四季酒店

杭州西子湖四季酒店的金沙厅中餐厅由享负盛名的日本东京 SPIN 设计室负责整体的室内设计，设计概念沿用传统的江南格调，同时也混合了时尚的元素，时代感中洋溢着古典韵味。餐厅的天花、桌椅、地板以及内部装潢均以暗红木为主调，质感丰盈雅致，配合悉心营造的灯光效果，尽显别具匠心的华贵气派。

迪拜卓美亚河畔酒店

迪拜卓美亚河畔酒店，位于航空学会内。曾经的地下饭店空间，借助于设计妙手，1 300 m² 的空间为世人提供了一个"游牧饭店"。

空间旨在为游历于世界的游子提供一个可以放松、充电的地方。虽然人在旅途，但却可以便捷地和家人联系。

空间可以为客人提供四种不同的体验。或于亚洲餐前小吃酒吧里放松，或于 24 小时营业的纽约熟食店里小酌，或于"老亚洲"按单点菜，或于泳池旁烧烤。除此之外，还有开放式的厨房，点心手推车为客人提供一种终极的亚洲美食体验。

一、餐厅内部设计首先由其面积决定

由于现代都市人口密集，寸土寸金，因此必须有效地利用空间。从生意上着眼，第一件应考虑的事就是每一位顾客可以利用的空间。餐厅应以其顾客数量来决定面积的大小。

二、秩序是餐厅平面设计的一个重要因素

由于餐厅空间有限，故许多建材与设备均应作经济有序的组合，以彰显形式之美，即全体与部分的和谐。简单的平面配置易于实现空间的统一，但容易因单调而失败；复杂的平面配置富有变化的趣味性，但却容易松散。配置得当，添一分则多，减一分则少，移去一部分则有失去和谐之感。因此，设计时要运用适度的规律把握秩序的精华，求取完整而又灵活的平面效果。在设计餐厅空间时，由于备用所需空间大小各异，其组合运用亦各不相同，必须考虑各种空间的适度性及各空间组织的合理性。

酒店餐饮空间的布局分为以下几种：

（1）独立设置的餐饮设施

常见于风景区、休疗养地、郊区等酒店，总体多为分散式布局，可单独设置。

（2）以水平流线为主，横向布局

这是酒店餐饮空间常见的布局方式，设计中应注意排烟、排气问题。

（3）底层竖向分层分布

常被用于基地狭小的酒店，缺点是厨房物品需垂直运输。

（4）顶层观光型

常被用于城市中心或闹市，可供客人俯瞰城市景观，这种方式使货物垂直交通量增加。

餐厅给人一种神秘的感觉，那些酷黑的餐桌椅和灯光营造出很暗的环境，总给人一种不真实的感觉。然而，带有裂痕的玻璃墙面，在灯光折射下，为有限的室内空间投射出一片夜晚的星空，让客人感受到一种静谧与浪漫氛围。

Bila-Bila 餐厅整体色调处理中规中矩，朴素稳重。大片玻璃开窗，有利于引入丰富的自然光线。线条形天花板下，马赛克餐椅、棕色的沙发座椅，搭配绿色抱枕，使空间和谐宁静。

餐厅灰白色的墙壁经过巧妙的设计，堆叠成起伏的格子形式，搭配黑色的餐桌与棕色的餐椅，给人以稳重的感觉。

酒店餐饮空间
各功能区设计

一、门面和顾客出入功能区

在酒店餐饮设计中，门面是"店"的外在形象，是内与外联系的主要出入口。一个优秀的门面设计要满足两个要素：功能和构成。在功能方面，要较快地促销商品和服务内容，从而获得利润；要引导顾客方便出入、安全可靠；要能提升自身形象，展示独特个性，符合使用者的精神需求，使人们赏心悦目。在构成方面，酒店餐饮设计的方面有：立面造型、入口、照明、橱窗、招牌与文字、材质、装饰、绿化等。在现代酒店餐饮设计中，其门面设计可以运用大面积橱窗来展示店内环境。透明的玻璃能使人们看到室内的一些内容和场景，感受到干净、舒适的就餐环境；也可通过橱窗、标志、招牌与文字设计点明餐馆的性质，或者在门口作艺术化的陈列与装点，并通过照明设计衬托出餐馆的档次与艺术效果，尤其是夜间的魅力，也是彰显品位的有效途径。顾客出入区是进入餐厅后的第一形象，最引人注目，能给人留下深刻的印象，应与室内设计风格互相呼应。作为进门后的第一道屏障，如同书籍的装帧，最能渗透出酒店餐饮设计师的精巧构思。

吉隆坡香格里拉大酒店的香宫餐厅带有中国传统皇家建筑的设计风格，优雅古典，富丽堂皇，墙上九条天龙的精美雕刻从一开始就吸引着人们的眼球。

吉隆坡香格里拉大酒店

二、接待区和候餐功能区

　　接待区主要是迎接顾客到来和供客人休息、候餐的区域，一般配有沙发、茶几及书籍报刊，是餐饮空间最能体现人气的区域，其休息位的数量应根据整个餐饮空间的座位数量配比。高级餐厅的接待区可单独设置或设置在包间内，设有电视、音响、阅读、茶水、小点和观赏小景等。

广州四季酒店

　　佰鲜汇特色餐厅由国际著名室内设计师梁志天先生打造，他以星空为灵感，通过不同材质及色彩的搭配，加上水晶闪烁的效果，意在把广州最高的餐厅幻化成一片浩瀚星海，让宾客与繁星为伴，享受时尚而独特的顶级餐饮体验。餐厅共设 102 个座位，由主用餐区和海鲜吧区两部分组成，还包括一间贵宾厅。设计师在主用餐区内的一隅设置了两个并列的弧形玻璃酒架，划出了一个半开放式的私人用餐区域。另一个私密度高的情侣用餐区，三个情侣专座全部面向落地玻璃幕墙，宾客可一边欣赏窗外醉人美景，一边与挚爱共进晚餐。而在位于楼层另一侧的海鲜吧区，其中央位置则设有椭圆形的酒吧柜及开放式厨房，增强了客人与厨师间的互动性。

三、用餐功能区

　　用餐功能区是餐饮空间的重点功能区，也是酒店餐饮设计的重点。在空间的尺度、功能的划分、环境的安排等都需要精心设计。用餐区可根据房间的结构、尺寸进行划分。餐席的形式根据用餐人数来定。用餐区布置包括包房、散座、卡座等多种形式。

蒙特卡洛巴黎大酒店

蒙特卡洛巴黎大酒店内的路易十五餐厅具备了全球顶级餐厅所需的一切元素，以金碧辉煌的凡尔赛风格设计，餐厅的天花板装饰菲利克斯·卢卡斯的壁画，且悬挂奢华的水晶吊灯，地上铺有团花图案的地毯，墙上悬挂蓬巴杜侯爵夫人以及巴黎伯爵夫人的画像，每一处的细节设计都体现着餐厅主人的心思。餐厅中央的大捧鲜花又为空间注入了些许田园风情。

1. 散座

散座餐厅的空间应多样化，有利于实现各餐位之间的互不干扰。在需要举行仪式的餐厅内应考虑好礼宾台的位置和餐桌的摆放形式，以零散的顾客为主的餐厅可设卡座。

Le Meurice 餐厅十八世纪凡尔赛风格的设计是来自设计师 Philippe Starck 的杰作，其灵感是基于餐厅 3 幅可追溯至 1905—1907 年的画作。餐厅华丽的装饰风格和白色餐桌布搭配着金灿灿的餐具、镶金的欧式椅子使整体突显出富丽堂皇的宏大气质。整个空间都陈列着精美昂贵的奢侈品，无一例外地展现着新党路易十六时期的风格。

Restaurant Le Dali 是一个开放式餐厅，设计创意全都出于西班牙著名画家萨尔瓦多·达利的画作、雕塑、手稿。餐厅的穹顶是由鬼才设计师 Philippe Starck 的女儿 Ara Starck 绘制的 145 m^2 的巨幅油画，以萨尔瓦多·达利的梦幻意境为主题，金黄、暗棕的色调带你进入一个迷人的意象世界。餐厅的台灯曾由萨尔瓦多·达利亲手设计，综合了画家最喜爱的形象：拐杖、抽屉、火（光），恰如萨尔瓦多·达利的著名雕塑《燃烧的女性》，威仪而性感，自信而随和，驱除人们潜意识中对未知的恐惧。小茶几 Shoes Table 和三腿椅 Leda Chair 的组合是巴黎客人的最爱，椅子是一个女性身体的变形，小茶桌的腿也如穿着稳稳的低跟鞋的优雅女性的腿。这是萨尔瓦多·达利在 1930 年为电影和家居设计的，草稿在他的笔记本中。Restaurant Le Dali 交汇着过去与现在、风趣与魔力，每一处细节均让人想起酒店最著名的客人之一萨尔瓦多·达利。

巴黎莫里斯酒店

228 酒吧以其坐落地点——沃利街 228 号命名，这里是巴黎人的聚集之地。酒吧经过 Philippe Starck 的重新装饰，焕然一新。温暖而舒适的装饰搭配其原有的木吧凳和皮椅子，烟草的微光和罕见的水晶酒具闪耀着的光芒使酒吧的氛围渐渐变得温馨舒适，给人一种非常休闲的感觉。

2. 包房

包房一般为有私密需求的团体顾客而设，设计多考虑到顾客的私密性需求，以绝对分隔的形式分隔空间，可设置独立的传菜间、卫生间、衣帽间，以及专用的会客区和休息区。

拉斯维加斯永利酒店

拉斯维加斯的永利轩中餐馆每一寸设计和规划都精妙绝伦，置身其中，就像进入一个极具诱惑力的异国之地，莹润碧泽的翡翠玉器、金灿灿的黄金将餐厅装点得气派堂皇。餐厅正门的水晶飞龙秉承了永利轩的一贯风格，奢华精致、品位非凡。随处可见的龙形装饰，营造出帝王级的尊荣。透过大型落地窗，还能看到屋外如画般迷人的花园景致和几棵超过 100 岁的石榴树。

开放式的秾·特色餐厅（J-Mix）采用冷暖不同格调的布置设计风格，利用木材、独特的造型吊灯、夹座以及白色鹅卵石协调搭配，呈现出一个静谧而别致的空间。设计采用木条区隔空间，半遮半透的隔断既保持了空间的私密性，又使其具有一定的通透感。

成都钓鱼台精品酒店

设计师将传统的中国元素在御苑国宴餐厅空间里进行了国际化的表达，从木质拱形门通过即可到达宽敞的餐厅空间，屋顶沿着原有建筑物屋顶的形状用天然的木材装饰，搭配古朴简单的吊灯和舒适的座椅，细节之处尽显餐厅的高端、大气，与"钓鱼台"一直遵循的品牌定位高度契合。

3. 卡座

卡座形式是用隔断将一组餐座组合进行分隔的形式，卡座形式因其被分隔所以具有一定的私密性和独立性。在规划设计时可根据需要对其进行任意排列组合和灵活布局，一些特色餐厅多采用这种餐桌形式。

　　一进 Bukhara 餐厅的感觉就犹如进入印度某个当地人的家里一样，非常舒适。餐厅的墙壁用粗糙不平的石头砌成。由木头和茅草绳做成的柱子似乎成了整个餐厅的主要支撑。餐厅内灯光微暗，给人舒适和放松的感觉。除去木头和茅草绳做成的柱子外就是一系列精彩的铜炊具和餐具散布在餐厅内。墙上装饰着色彩明朗的织物，给人恍如在家的感觉。

　　餐厅的桌子由坚实的黑木做成，每张桌子都配有圆凳。圆凳上配备了亮蓝色和黄色的坐垫，给人无比舒适的感觉。靠墙的桌子又有其特色的配置，桌子的一边放置着圆凳，而另一边设置的则是色彩亮丽的沙发。

四、配套功能区

配套功能区在酒店餐饮设计中越来越受到重视，其设计可从一个侧面反映出经营者的管理水平和修养，给顾客留下良好的印象。配套功能区一般是指餐厅服务的配套设施，包括收银台、走廊、卫生间等。

1. 收银台

收银台的设置不可小觑，设计时要注意缩短服务员的往来距离，节省客人的时间。

2. 走廊

走廊在就餐环境中起着连接的作用，既连接每个空间，又将每个空间的功能分割出来。调节空间之间的气氛，调和不同空间的气氛。

3. 卫生间

在设计卫生间时应考虑位置合适、男女分用、空气清新、美观舒适等方面，既要方便客人，又要注重享受。设计卫生间时，要注意在外观和结构上与整个餐厅艺术风格保持一致，不能生硬，应保持整洁。同时还要避免卫生间因面积狭小而造成顾客排队等候的现象。大中型餐饮空间每一层都应设置卫生间，并根据顾客的人数合理配置蹲位。

4. 衣帽间

衣帽间通常设在靠近餐厅进口处，由专门的服务人员管理客人的厚重衣物、帽子和手杖等用品。

5. 接待室

接待室的设立是为了在餐厅客满时，客人可以在设备设施齐全、安静舒适的休息室等待。接待室给客人提供一定的消遣性的、可以打发时间的设施和用品，如电视机、报刊等，甚至还可设立一个小推销站。若接待室空间宽敞，必要时还可作为小型会议场所。

五、操作区

操作区一般由厨房、配菜间、明档、水果房等组成，是设施设备最集中的区域，应充分考虑设备的安装尺寸和进料设备的通行尺寸。以下以厨房为例进行说明。

厨房约占整个餐厅面积的 20%。厨房设计，就是确定厨房的规模、形状、建筑风格、装修格调，以及厨房内各部门之间的联系。厨房布局则是具体安排厨房各部门的位置，以及厨房设备和设施的分布。厨房的设计布局，依据饭店规模、位置、星级档次和经营策略的不同，其装修风格和具体做法也不尽相同。

1. 设计布局的基本要求

（1）保证工作流程连续通畅，货物与人员走动路线注意分流

厨房原料进货和领用路线、菜品烹制装配与出品路线，要避免交叉回流，特别要注意防止烹调出菜与收台、洗碟、入柜的路线交错。厨房物流和人流的路线在设计布局时应给予充分考虑，不仅要留足领料、清运垃圾的推车通道，而且要兼顾大型餐饮活动时，餐车、冷碟车的进出是否通畅。如果是开放式厨房，还要适当考虑餐厅可能借用厨房抬、滚餐桌。

（2）厨房各部门尽量安排在同一楼层，并力求靠近餐厅

厨房的不同加工作业点，应集中紧凑，安排在同一楼层、同一区域，这样可缩短原料、食品的搬运距离，便于互相调剂原料和设备用具，有利于垃圾的集中清运，减轻厨师的劳动强度，提高工作效率，保证出品质量，减少客人等餐时间；同时，也更便于管理者的集中控制和督导。如果同层面积不够容纳厨房全部作业点时，可将库房、冷库、烧烤间等设计布局到其上、下楼层，但要求它们与出品厨房有方便的垂直交通联系。厨房与餐厅越近，前后台的联系和沟通就越便利，出品的节奏、速度就越便于控制，跑菜员的劳动就越轻，销售的产品质量就越能达到规定的要求。厨房与餐厅尽量同层，不应以楼梯台阶连接餐厅，如无法避免高低差时，应以斜坡处理，并应有防滑措施和明显标识，以引人注意。

（3）兼顾厨房促销功能

厨房虽然是餐饮后台，若设计独具匠心，巧妙得体，不仅可以美化、活跃餐厅气氛，还可以推动厨房产品的销售。鲜活水产售价不菲，若将活养箱池置于餐厅与厨房相连处，正面可供就餐宾客观赏、选点，背面方便取捞作业，不仅美化了餐饮环境，而且可以刺激客人的消费欲望。在客人点餐的时候，服务人员以流畅优美的动作展示活养水产品，对消费有很好的引导作用。此外，色香俱全的各类烧烤制品，布置于明档，随点随做，也能够起到诱导客人消费的作用。对这样的厨房，不仅要精心设计，精细施工，还要配备增氧、恒温、换水设施，以保证相关餐厅及厨房美观大方、卫生整洁。

（4）强调食品及生产卫生和安全

厨房的设计布局必须考虑卫生和安全因素。厨房的设计选址要远离重工业区，500 m 内不得有粪场；若在居民区选址，30 m 半径内不得有排放尘埃、废气的作业场所。同时还要考虑设备的清洁工作是否方便，厨房的排污和垃圾清运是否流畅。卫生防疫部门近年对酒店餐饮生产提出了更高的卫生标准，涉及厨房设计方面的，除了原料与垃圾的进出须有专门通道，原料与菜点的运送路线不能交叉碰撞之外，还要求：

①熟食间必须单独分隔，并配备空调、新风系统、消毒杀菌等设施，保持其独立、凉爽、通风，还须配备专供操作人员洗手消毒用的水池。

②拣摘蔬菜等初加工均不得直接在地面进行，因此，蔬菜加工间需配备矮身工作台，以保证原料卫生和操作方便。

另外，厨房的防火、防盗以及食品原料的安全储存条件，也都应在设计布局时予以充分考虑。

（5）设备尽可能兼用、套用

厨房设计时应尽可能合并厨房的相同功能，如将点心、烧烤、冷菜厨房合而为一，集中生产制作，分点灵活调配使用，可节省厨房场地和劳动力，大大减少设备投资。在厨房设计中，首先必须保证各厨房出品及时，质量可靠，过于追求省、并、俭，便可能影响出品质量和效率。因此，设计与餐厅规模相适应的烹调厨房，配备烹调炉灶等必须在保证质量的前提下实现最佳性价比。

2. 厨房整体布局及布局类型

厨房布局，即确定食品生产各部门的具体位置，同时把根据食品生产需要所选定的设备用具最为合理地组合成操作点并分布在厨房内的过程。厨房的布局过程是复杂的，受许多因素的制约和影响，因此，在对具体厨房进行布局时，必须由生产者、管理者、设备专家、设计师共同参与研究决定，并由整体到具体逐步实施其布局。整体布局应该是指餐饮生产系统的整个设计规划。通常中小型酒店的厨房是一个具有多种功能的综合性大厨房，而大型酒店的厨房是由若干个不同功能的分点厨房组成的。大型酒店各分点厨房是有机相连的整体，在厨房的位置、面积、生产功能的分配、产品的流程上，都要体现整体作业的协调性。

（1）厨房生产区面积需要量

厨房生产区面积的需要量受到许多因素的影响。通常情况下，餐饮食品生产区的面积应为全部餐饮区空间的 25% ~ 50%，但大型生产类型和系统会使生产面积超出这个范围。影响餐饮生产区面积大小的因素有：

① 餐厅经营的类型和特点；

② 食品生产和加工的复杂程度；

③ 生产的方法和使用设备的不同；

④ 建筑结构的不同。有些空间结构能使厨房空间得到充分利用，而有些厨房的角落或柱子使空间不能被充分利用。

确定厨房面积的方法一般有两种：一是以餐厅就餐人数为参数来确定。使用这种方法，通常就餐规模越大，就餐的人均所需厨房面积就越小，就餐人数越少，人均所需厨房面积越大。这主要是因为厨房的辅助间和过道等所占的面积不可能按比例缩得太小。二是以餐厅或其他餐饮面积作为依据，来确定厨房的面积比例。据统计，酒店餐厅面积在 500 m² 以内时，厨房面积是餐厅面积的40% ~ 50%；餐厅面积增大时，厨房面积占餐厅面积的比例亦逐渐下降。

（2）主要区域布局

一个综合型、功能较全的厨房，根据其产品和工作流程，可以有机地分成三个区域，即原料装卸、储藏及加工区域；烹调作业区域；备餐、洗涤区域。这三个区域是不同规模餐饮生产所必需的。布局时应形成相对独立而功能清楚的格局，保证厨房有一个通畅的生产流程。

第一区域的布局应靠近原料入口，备有干货库、冷藏库、相应的办公室和适当规模的加工间。加工间布局在这个区域比较方便，可以根据加工的范围和程度，确定其面积大小。

第二区域的布局应包括冷菜间、点心间、配菜间、炉灶间以及相应的冷藏室和小型周转库。该区域是形成产品风味、质量的集中生产区域，因此，可设置可透视监控厨房的管理者办公室。冷菜间、点心间、办公室应单独隔开，配菜间与炉灶间可以不作分隔。

①冷菜、烧烤厨房

设计布局要求：a.应具备两次更衣条件；

b.设计成低温、消毒、可防鼠虫的环境；

c.设计配备足够的冷藏设备；

d.紧靠备餐间，并提供出菜便捷的条件。

②点心间

设计布局要求：a.设计要求单独分隔或相对独立；

b.要配有足够的蒸、煮、烤、炸设备；

c.抽排油烟、蒸汽效果要求良好；

d.便于出菜沟通，便于监控、督查。

第三区域的布局应包括备餐间、餐具洗涤间和适当的餐具储藏间。小型厨房可用工作台等作简单分隔。

①备餐间：是配备开餐用品，创造顺利开餐条件的场所。

设计布局要求：a.应处于餐厅、厨房的过渡地带；

b.厨房与餐厅之间采取双门双道；

c.应有足够的空间和设备。

②餐具洗涤间

设计布局要求：a.应靠近餐厅、厨房，并力求与餐厅在同一平面；

b.应有可靠的消毒设施；

c.空间通风、排风效果要求良好。

（3）加工厨房的设计与布局

加工厨房，又叫主厨房或中心厨房，是相对于其他分点厨房或各不同功能厨房而言的。加工厨房将酒店各点厨房所需原料的申领、宰杀、洗涤、加工集中于此，按统一的规格标准进行生产运作，再分别供各点厨房加以烹调制作。主厨房的具体生产任务和工作范围，因酒店餐饮的主要经营风味和客源市场有所不同。以接待外宾、经营西餐为主要任务的主厨房，一般要包括肉类、蔬菜等的加工，还要承担熬制汤汁、沙司以及头盘、色拉等的制作。以经营不同风味中餐为主的饭店，其加工厨房的设计，则要突出加工、切割、宰杀的功能，以保证各点厨房的需要。

当然，设加工厨房后需要有与之相应的管理和硬件配备。在管理上，要求各点厨房统一时间，集中订货（主要向加工厨房预订次日所需半成品原料，再由加工厨房统一汇总折算成原始原料由采购部采购），以保证各点厨房生产的正常进行，这对于厨房多而分散的饭店更为重要。同时，各点厨房与加工厨房之间原料的订领需履行必要的手续，以便进行控制和核算。在硬件的配备上，首先要保证各点厨房与加工厨房间原料订领路线的通畅和不与客人用同一通道。其次，要为加工厨房配备适量的包装、冷藏设备，提供充足的场地。在加工厨房配备相应规模的真空包装机很有必要。原料加工后及时注明重量、加工时间，妥善包装，为高质量的保藏和随时取用提供方便。另外，考虑到运进原料和清运垃圾的需要，加工厨房应尽可能设置在建筑物的背后交通方便的地方。加工厨房还应有冷热水和少量加热设备以便对甲鱼、黄鳝及鸡、鸭等加工处理；若需涨发干货，还要配备明火矮身炉或蒸汽锅。

在对主厨房进行设计布局时，还可以根据饭店餐饮中、西餐的生产比例，对生产量比较小的一部分或有特殊要求的加工场地部分（如在普通生产厨房内加工清真食品等）进行单独分隔，以保证出品质量和风味。

（4）厨房布局类型

厨房布局应依据厨房结构、面积、高度以及设备的具体情况来进行。

①直线型布局

直线型布局适用于高度分工合作、场地面积较大、相对集中的大型餐馆和酒店的厨房，在这种布局中，所有炉灶、炸锅、蒸炉、烤箱等加热设备均作直线型布局，通常是依墙排列，置于一个长方形的通风排气罩下，集中供应制作，集中吸排油烟。每位厨师按分工专门负责某一类菜肴的加工烹制，所需设备工具均分布在左右和附近，因而能减少取用工具的行走距离。与之

相应，厨房的切配、拣菜、出菜台也应直线排放，整个厨房整洁清爽，流程合理、畅达。但这种布局相对餐厅出菜，可能走的距离较远。因此，这种厨房布局一般均服务于两头餐厅区域，两边分别出菜，以缩短餐厅跑菜距离，保证出菜速度。

②相背型布局

相背型布局是把所有主要烹调设备背靠背地组合在厨房内，置于同一通风排气罩之下，厨师相对而站，进行操作。工作台安装在厨师背后，其他公用设备可分布在附近的地方。相背型布局适用于方块型厨房，厨房分工可能不很明细。这种布局由于设备比较集中，只使用一个通风排气罩，比较经济，但另一方面却存在着厨师操作时必须多次转身取工具、原料，以及必须多走路才能使用其他设备的缺点。

③ L形布局

L形布局通常将设备沿墙壁设置成一个犄角形。当厨房面积、形状不便于设备作相背型或直线型布局时，往往采取L形布局，通常是把煤气灶、烤炉、扒炉、烤板、炸锅、炒锅等常用设备组合在一边，把另一些较大的设备如蒸锅、汤锅等组合在另一边，两边相连成一个犄角，集中加热抽烟。这样厨师也能便利地使用每一组设备，加热和切配加工之处也有了相应的集中和分工。这种布局方式在一般酒楼或包饼房、面点生产间等厨房得到广泛应用。

④ U形布局

厨房设备较多而所需生产人员不多、出品较集中的厨房部门，可按U形布局，如点心间、冷菜间。将工作台、冰柜以及加热设备沿四周摆放，留一出口供人员、原料进出，甚至连出品亦可开窗从窗口接递。这样的布局，人在中间操作，取料操作方便，节省取送距离；设备靠墙排放，既平稳，又可充分利用墙壁和空间，显得更加经济和整洁。

3. 厨房设计的细节

（1）厨房高度和天花板

厨房高度应为 3.7 ~ 4.3 m，这样便于清扫，保持空气流通，对厨房安装吸排油烟罩也较合适。厨房过高，会使建筑、装修、清扫、维修费用增大；过低，使人产生压抑感，同时透气性差，气味大，散热差。天花板的平面应力求平整，不应有裂缝和凹凸，不应有暴露的管道，因为这些地方最容易积污积尘，甚至滋生虫蝇，影响食品生产的安全卫生。厨房空气湿度高，因此天花板的材料应采用光滑材料，不宜使用普通涂料，以免受潮脱落而污染食品，同时应采用抗滴水油漆。

（2）墙壁和地面

厨房墙壁应该平整光洁，无裂缝凹陷，经久耐用和易于清洁，以免藏污纳垢和滋生虫害。由于厨房墙壁和天花板一样，处在湿度较大的环境，因此为了便于清洁和防止霉变，也为了整洁美观，厨房墙面应从墙脚至天花板满铺瓷砖。

厨房地面通常要求耐磨，能承受重压、耐高温、耐腐蚀、不吸水、不吸油、防滑、易清扫。用于厨房的铺面材料有钢砖、耐热塑料砖、硬质丙烯酸砖等。选择具有一定弹性的材料铺地，对减轻厨师的劳动度是很有益的。地面颜色要求鲜明，以促使人们保持地面清洁。另外，要求地面平整而不积污垢，并有适当倾斜度，冲洗后地面不应积水。

（3）厨房通风

厨房的通风系统除了自然通风以外，还必须借助机械通风系统及排烟装置。机械通风系统可保持厨房为负压区，使餐厅和其他设施中的空气徐徐流入厨房，以保证不污染餐厅等其他部门的空气而且保持厨房空气清新。尤其在夏季，可减轻厨房高温，方便厨师判别菜肴气味。一般每小时换气 40 ~ 60 次可使厨房保持良好通风条件。

进入厨房的新风应作预热或预冷处理。厨房温度，冬季应在 22 ~ 26 ℃，秋季 24 ~ 28 ℃，冷菜间不超过 20 ℃；厨房的相对湿度不应超过 60%。

此外，还必须为炉灶、炸锅、汤锅等设备安装排油烟罩或排气罩，将这些加热设备工作中产生的废气排出室外。

机械进风口应选择室外空气洁净处，离地面 2 m 以上以保证向室内输送清洁冷风。

局部抽风风管不能过细，尽量减少弯曲。

排风罩应选用不锈钢材料制作，表面光滑，无死角易冲洗；罩口要比灶台宽 0.25 m，一般罩口风速应大于 0.75 m/s。

排气管出口附有自动挡板，以免停止工作时昆虫进入。

（4）厨房照明

厨房照明应考虑光的方向、颜色、覆盖面和强度。另外，光的稳定性要好，要有保护罩，保证作业区能看清楚食品，同时颜色不失真，无阴影，并注意避免灯泡破碎时污染食品。采用荧光灯照明，不仅发光效率高、寿命长，产生的阴影相对也少，因此厨房照明比较适宜。厨房内一般照明为 200 lx，而食品加工烹调则需 400 lx。

（5）厨房排水

在厨房有多处用水系统，如粗加工、细加工、洗涤等，再加上厨房设备清洗、地面清洗等，需要及时排水。厨房排水系统要能满足生产中最大的排水量，并做到排放及时。排水沟应深浅适度，不至逆流，同时要严密加盖、下水口要有隔渣网，定时清理，防止淤积堵塞。排水沟出入口应安装网眼小于 1 cm 的金属网，防止鼠虫和小动物入侵。

六、服务功能区

服务功能区也是餐饮空间的主要功能区，主要是为顾客提供用餐服务和经营管理的功能。

服务区的位置应根据顾客座位的分布来设置，尽量让服务区照顾到每一位顾客。小型餐厅只设收款台，一般在餐厅入口一侧；中型餐厅和大型餐厅要设置服务台；客席面积大的，设置两个或以上的服务台，常设置在客席区边上。

总服务台应设在显著的位置上，服务台的周围应有宽敞空间，长度要考虑工作人员的数量和服务范围，有酒水服务功能的应配置酒水柜和酒水库房。

每个出入口都应设置咨客台，备餐台的多少应由服务形式和服务质量决定。

美国圣地亚哥W酒店

Kelvin 餐厅象征篝火所散发出来的烟雾图形在橘黄色的玻璃墙面上徐徐升起，象征大海的蓝色与以橘黄色为主色调的室内空间形成了鲜明的对比，诠释着一种别样的傍晚海滨景象。在其中一面墙壁上，烟雾与插画上的海岸防波堤融为一体，如梦似幻；其对面则是一堵混凝土墙，朝向举行大型聚会的客厅。

酒店餐饮空间设计的要素

装饰陈设是餐饮空间设计的一个重要组成部分，也是对餐厅空间组织的再创造。装饰陈设是各种装饰要素的有机组合，对整个餐厅风格起到画龙点睛的点缀作用。装饰陈设还能直接反映出当地的人文、地域特征，在某种意义上还能提升餐厅的文化氛围和艺术感染力。它包括家具的陈设、织物的式样、艺术品摆放、绿化植物陈设、灯饰配置等。装饰陈设在环境设计中，被称为"二次装饰"。对餐饮空间效果具有极强的锦上添花的作用。

Mekong 泰式料理餐厅空间设计精彩，东南亚原生质感。泰式文化中能给人带来好运的"乳象"喷泉造型首先给客人带去真诚的欢迎。

引人注目的室内设计希望予人一种大胆、原创的质感。一切设计理念源于泰式文化。拥有 144 个座位的空间里排列着泰式雨伞，美观的同时又起到界定包间的作用。人力车般的座位的设计灵感来源于泰国街头流行的普通黄包车。

安纳塔拉迪拜棕榈岛度假酒店

Chinese room 是一个庄严而奢华的空间，格子式的东方屏风把用餐区与酒店的其余部分相分离，食客们背靠着中国历代君主的画像进餐。在二十世纪七十年代西方人的眼里，中国文化色彩鲜艳而诡异，但显然他们没有理解中国文化的精髓。不过作为一个餐厅，Chinese room 却是很有特色的。进入这里，客人会感觉自己进入了皇宫，丰富的色调和纹理交织在一起，把高贵、典雅与慵懒融入感官的享受之中。

一、装饰陈设

1. 家具的陈设

由于餐饮空间的家具比较多，体量也较大，在餐厅内部十分突出，因而其尺寸、颜色对于空间影响很大。一般小面积的餐厅利用低矮和水平方向的家具使空间显得宽敞、舒展；大面积、净空较高的空间则用高靠背和色彩活跃的家具来减弱空旷感。因此，家具的陈设、选择和布置方式，对餐厅设计的整体效果起着重要的协调作用。

在餐饮空间的桌椅配比构成中，根据一般客流情况，两人桌大约占 15%，四人桌大约占 60%，六人桌大约占 20%，八人桌和十人桌大约占 5%。

（1）餐桌

餐饮空间通常选用方桌、长方形餐桌和圆形桌，在自助餐厅和部分西餐厅中还设有柜台式餐桌，通常设置两人台、四人台、六人台和八人台，其中四人台所占比例最大。根据空间大小和档次高低不同，人均占有面积为 1.0 ～ 2.0 m²。

① 方桌

方桌规格通常边长为 85 cm、90 cm、100 cm 或 110 cm，高 75 cm。这种方桌的使用功能最多，既可以当圆桌面的桌腿，又可以拼成会议桌、中心菜台、酒吧台、水果台、点心台等。

② 圆形餐桌

按直径 15 ～ 20 cm 每人的比率来计算餐位数。如：直径为 110 cm 左右的圆形餐桌可设 5 ～ 7 个餐位，直径为 250 cm 左右的圆形餐桌可设 12 ～ 14 个餐位。或以圆形餐桌的大小与人数关系计算，一般以每人占 60 cm 边长为最低限度来确定餐位。

美国圣地亚哥W酒店

美国圣地哥亚 W 酒店的大堂吧由 Mr. Important Design 担纲设计，室内数座高达 7.62 m 的金色玻璃方尖碑朝不同方向倾斜放置，从不同角度倒映着这个如画的空间，看似零乱却绚丽夺目。依次叠放的餐桌为客人营造了一种类似办公又像是享用梦幻鸡尾酒的公共休闲空间。小小的餐桌内部还放置了许多闪闪发光的火焰灯。当客人将一把餐椅放到其中一盏火焰灯上方时，就如同坐在真正的火炉上，众多爆炸状的浮木和黄铜条构成的一盏盏独具个性的吊灯，增添了整个空间的梦幻性。总的来说，这是一个梦幻却又有些许零乱、混合着加利福利亚金黄色魅力风情的空间。

③长方形餐桌

　　根据用餐人数来确定不同的餐桌宽度和长度。长方形餐桌分为两种：长的一种长为170 cm，这个长度正是两张方桌的长度，宽为42.5 cm，是方桌宽度的一半；短的一种长为127.5 cm，相当于一张半方桌的长度，宽为42.5 cm，是方桌宽度的一半。这两种长桌的高度均为75 cm。这种长桌在必要时很容易和方台并拢，一物多用，拼成长餐桌。

④转盘

　　在10人座以上的圆桌面上，一般都配有转盘。转盘底座内装有滚球轴承，菜点摆放在转台上，使用时只要轻轻地拨动，所需的菜点就会转动到客人面前。根据圆桌面的大小，可分别使用不同规格的转盘，其直径一般在70～150 cm之间。

⑤落台

　　落台既是储藏柜又是工作台，柜内存放餐具，柜面作上下菜时的落台，酒水和菜品也放在柜面。常用落台的规格，长为100 cm，宽为48 cm，高为80 cm。

（2）餐椅

　　餐椅要与餐厅的整体风格相协调，一般有以下几种：

①木椅

　　木椅可分为一般木制座椅和硬木制座椅，主要是为中式餐厅配备的，有的硬木椅的做工相当精制和考究，有雕花和贝壳镶嵌作为饰物，在众多的坐椅当中，它的造价是最昂贵的。硬木椅一般配有精美的坐垫，以显示出它的庄严和豪华。配有这种座椅的中式餐厅，在整体布局上都应与传统的中国风格相适应。

②钢木结构椅

　　钢木结构椅的主要框架为电镀钢管或铝合金管，有圆形和方形管，又有可折叠与不可折叠之分。它的特点是重量轻，结实，可叠摞在一起，所需存放面积较小，也便于搬动。其尺寸规格一般是，椅背高度为90 cm，座椅高度一般为45 cm，其面积为45 cm×45 cm。中西餐厅均可使用。

③扶手椅

　　带扶手的餐椅从习惯上不用于中餐厅，通常安放在西餐厅的长方形餐桌的两端，作为主人席位，档次高的西餐厅，也有全部餐椅都使用扶手椅的。扶手

椅的形体一般要比木椅宽大些，后靠背宽，弧度略大些，坐在上面比木椅更舒适。

④儿童椅

酒店的中西式餐厅一般都配备有几把专为儿童使用的餐椅，方便带儿童的宾客前来用餐。儿童餐椅座高为 65 cm 左右，座宽、座深都比普通餐椅小。儿童餐椅必须带扶手和栏杆，以免儿童跌落。

⑤其他特殊椅

如酒吧的沙发式椅、悬空椅，自助餐、快餐中的连接椅，椅、餐桌连接组合、旋转活动椅等。

（3）酒柜

各式餐厅内一般都设有条形酒柜或立式玻璃酒柜。酒柜的作用在于陈设各种酒类和菜肴的样品，起到推荐的作用，同时又可与餐厅整体布局融为一体，起到装饰的作用。酒柜宜放在餐厅的醒目处，以便于宾客观赏和挑选。一般酒柜的规格和样式，可根据餐厅整体布局进行考虑。

（4）沙发

沙发是餐厅休息室不可缺少的家具。沙发的种类较多，根据休息室的不同等级和豪华程度，所选用的沙发也不一样。沙发一般有单人沙发、双人沙发和组合沙发。组合沙发一般是一个双人沙发配两个单人沙发，也有的是一个双人沙发配四个单人沙发。一般休息室使用单人沙发较多。沙发的规格也很多，让人感到舒适、轻松。它的尺寸应在 60 ~ 65 cm 为宜。沙发靠背倾斜角度为 92° ~ 98° 较合适。

（5）茶几

茶几是与沙发配套的家具，一般有木制和不锈钢支架玻璃面两种，置放于休息室内供宾客摆放饮料、茶具、烟灰缸等物品。茶几有单层与双层之分，其规格分为大小两种。小茶几一般放在两个单人沙发之间，大茶几一般放在双人沙发前面。茶几的样式可分为方形、长方形、圆形和椭圆形等。

纳尔逊山酒店

Planet 餐厅由 DHK 主笔设计。该设计采取了一种"少便是多"的设计手法。钢琴、老式壁画等元素皆被拆除移走。沿着星酒吧前行，有一些蓝色、清玻璃球的绳，代表着"星"之主题。其间点缀的镜材以"十二星宿"作为阐述，同样的图纹运用于整个空间。本案给人一种干净、清爽的感觉。中央的吊灯、新铺的地毯重复着"星"之主题。旧有家具已为棕色的桌子与天鹅绒覆盖的奶油色椅子所代替。正中间的座席是皮质的卧榻。桌上铺有刀叉的垫布。餐具清一色的 Hepp Exclusive 品牌，秀色可餐。玻璃器皿质量上乘而轻盈。现代的椒盐研磨器出自 Peugeot 之品牌。

在意大利语中，"红色"代表着激情、温馨与高雅。Rosso 位于香格里拉大酒店内，是一家正宗的意大利餐厅。餐厅拥有大量的镀金饰品、垂穗、滚边花饰和丝织品。墙壁是镶嵌着镀金材料的涂漆木板，同时各个窗户都挂着打褶的下垂窗帘。值得一提的是大型彩绘天花板藻井。它是画在帆布画布上的，贴在天花板上，横贯整个餐厅。它的巨大尺寸，需三个枝形吊灯照亮。

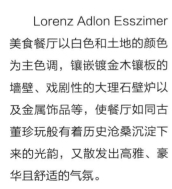

柏林凯宾斯基酒店

Lorenz Adlon Esszimer 美食餐厅以白色和土地的颜色为主色调，镶嵌镀金木镶板的墙壁、戏剧性的大理石壁炉以及金属饰品等，使餐厅如同古董珍玩般有着历史沧桑沉淀下来的光韵，又散发出高雅、豪华且舒适的气氛。

2. 织物的式样

由于织物在餐厅的覆盖面积大，因而对餐厅的室内气氛、格调、意境等起着很大的作用。织物本身所具有的柔软、舒适感有效地增强了空间的亲和力。餐饮空间的织物一般有地毯、台布、窗帘、吊帘、墙布、壁挂等。餐厅织物材料和工艺手段，在餐饮空间设计中具有举足轻重的作用。由于织物的原料、织法、工艺等的不同，织物表面的视感和触感也不相同。

以视觉而言，粗纹理往往给人以粗犷的感觉，细纹理则给人以光洁文静的感觉，两者的装饰效果截然不同。为了显示织物的质感，常用一些对比的手法，用光洁的物品配以粗糙的织物，而粗糙的物品则配以光滑的织物。以触感而言，直接与人的皮肤接触的织物适宜质地细密平滑的布料，而需要经常摩擦的织物，可以采用坚固的粗纹理布料。主题餐饮空间织物的色彩、图案，以及铺设方法必须与主题餐厅的整体主题风格相一致，同时兼顾到各个局部效果。整体搭配得当，即使粗布乱麻，也能为餐厅增辉，而选用不当，即使是绫罗绸缎也不能为餐厅增光添彩。

阿拉伯咖啡吧最特别的地方在于流淌于四周墙面的装饰，用清雅的色调点染空间画面，色彩的深浅疏密与线条相互依存，具有清雅秀丽的诗意品格，橡木制家具摆设其中，又让空间有了一丝温润的质感。

新加坡浮尔顿湾酒店

从二十世纪三十年代直至今日，Clifford 始终是移民的落脚点。Clifford 保留了港口精神，展现了最为纯正的滨海现代法式餐厅特色。站在 10 m 高的落地窗前，俯瞰波光粼粼的海湾，品一杯美酒，尽情享受美妙的海滨就餐体验。

餐厅由颇受欢迎的亚洲建筑设计师傅厚民设计，与浓烈的法式象牙白墙面与充满阳刚的"人"字形橡木地板相比，餐厅采用暖灰、橙灰以及深紫色家具及配饰，其精妙装饰设计在营造用餐氛围的同时也彰显了其细致周到的服务。

3. 艺术品摆设

艺术品的摆放对室内气氛和风格的营造起着画龙点睛的作用。艺术品由于陈设点的不同、大小不同、风格不同，对餐厅空间气氛起到的作用也不同。艺术品的选择和使用要根据餐厅整体的主题设计风格而决定。在风格古朴的餐厅内，铜饰、石雕、古董、陶瓷和古旧家具等是最好的艺术陈设品；在传统风格的中式餐厅中，中国的青铜器、漆艺、彩陶、画像砖以及书画都是最佳的装饰品；在主题风味餐厅中，可以选用具有浓郁地方特色的装饰艺术品，如潮州菜馆可摆饰大型的潮州木雕和贴金画银的木雕装饰物；如经营民族特色菜的餐馆摆设些民间工艺品，如玻璃、刺绣、织花、编艺、蜡染、剪纸等带有独特民族特色的物品；在现代风格的餐厅中，则可摆设一些简洁、抽象的、工业化比较强烈的、现代风格的装饰艺术品。

Mei Kun 是一家亚洲风情餐厅，设计师采用丰富的色彩和充满浓郁的异域特色的艺术品装点空间，给人留下既优雅又冷静的深刻印象。睿智亲切的橘黄色与充满活力的红色协调地混搭在一起，又加上佛像等当代印度艺术品的点缀，使空间各处都洋溢着美丽而神奇的异国情调。

s.e.a. 餐厅的设计在东南亚风格中注入了普普艺术元素，空间中多幅色彩斑斓且饰有佛像图案或东方人肖像的墙饰便是一例。无论在线条或材质方面，整个区域都运用了互相呼应的技巧，如缀有弧线的天花配上弧形椅背及墙壁；木梯级与胡桃木地板；取材以不锈钢为主的开放式厨房与楼梯扶手。落地玻璃既将户外泳池与室内空间区隔开来，又巧妙地将池边的绿树景致和悠闲的气氛纳进餐厅内，增添写意优游的佐餐情调。

深圳皇庭V酒店

深圳皇庭V酒店西餐厅以时尚独特、艺术概念为主题，装修风格现代前卫，处处充满灵气。大量后现代设计艺术和抽象主义元素为餐厅空间营造出迷离梦幻和个性鲜明的感官氛围。

4. 绿化植物陈设

　　随着人们对自然的向往程度的加深，对植物也就愈发偏爱和赞美，而且绿化植物可以调节人的精神，调节室内空气，减少噪音，改善小气候，并且增加视觉和听觉的舒适度。绿化植物陈设是餐饮空间设计必不可少的一个组成部分，它主要是利用植物的材料并结合常见的园林设计手法和方法，组织、完善、美化餐饮空间，协调人与环境的关系，丰富并升华餐饮空间。绿化植物极富观赏性，能吸引人们的注意力，因而起到空间的提示与引导作用。植物不仅可以作为空间的间隔，还可以阻挡视线，围合成具有相对独立性的私密空间。

二、照明装饰设计

1. 灯饰的配置

　　餐饮空间的灯饰配置为餐厅室内活动提供所需的光照度。用照明和灯饰来制造气氛，突出餐饮空间的重点、亮点，划分空间，制造错觉，在调整空间气氛等方面起了不可忽视的作用。餐饮空间的照明大致有直接照明、间接照明和散光照明三种形式。

　　餐饮空间可采用多种类型的照明方法，直接照明能创造小环境的亲切感，并加强重点效果；间接照明常用于强调特征和柔和感，为了增加光源的层次感和舒适性，可安装调节器；散光照明能带来满堂明亮。餐饮空间的照明设计特别是营业厅的照明设计，除了满足基本照度外，更重要的是创造出良好的光照环境和独特的艺术氛围。因此，不论是灯的装饰效果，还是光源的选择都应该与餐厅的主题风格和主次轻重相一致。照明首先要满足亮度的需要，其次，是考虑其艺术效果。

清迈黛兰塔维酒店

　　作为泰国最出名的法式餐厅，清迈黛兰塔维酒店内的 Farang Ses 餐厅坐落在一处宏伟的兰纳风格建筑中，餐厅内处处雕梁画栋，精美雅致。餐厅内设 45 个座席，雕刻精美、挺拔高耸的柚木圆柱，华丽耀眼的水晶大吊灯，婉约流畅的欧洲古典家饰和精致餐具相互辉映，无一不彰显出端庄奢华的气质。

2. 餐饮空间的照明设计

光是体现室内一切，包括空间、色彩、质感等审美要素的必要条件。只有通过光，才能产生视觉效果。灯光设计对于餐厅而言，不仅仅是照明问题，还具有一个重要的功能——营造整个餐厅的气氛、强调优雅的格调、创造预期的餐厅效果。光照和光影效果还是构成餐饮空间环境的最为生动的美学因素。需要注意的是，餐厅的照度应根据餐厅的不同而不同。中餐厅、咖啡厅，灯光应明亮，不应低于 150 lx。扒房、酒吧光线宜较暗，但有时也要求较亮，为此应配置调光灯。

（1）餐饮空间的自然采光和人工照明

餐厅的光源来自自然采光和人工照明两个方面。自然采光主要是指日光与天空漫射光，人工照明包括各种电源灯照明。

① 自然采光。

自然采光是将自然光引进室内的采光方式，自然光线具有亮度、光谱等特性，并且与自然景色相连。

② 人工照明。

人工照明是通过各种灯具照亮室内空间，有强光、弱光、冷色光、暖色光、可调节照度和光色的照明等。

人工光源（电源光）主要包括白炽灯与荧光灯两大类，其他电源灯的使用相对较少。

（2）餐饮空间照明方式

① 按明亮度分，可分为一般照明、局部照明和混合照明。

② 按光射角度分，可分为直接照明、半直接照明、漫射照明、半间接照明和间接照明。

（3）照明艺术在餐饮空间的应用

①外部照明的艺术效果

a. 门面招牌的艺术表现

招牌的照明方式有两种：一是用投光灯外投射或内投射门面招牌、店标；二是用灯光映衬门面招牌。

b. 霓虹灯的艺术表现

霓虹灯因为内充气体不同，电流大小变化，可以呈现出不同的色彩，还可造成闪烁感受和动感，特别引人注目。

c. 橱窗的艺术表现

橱窗照明中可以采用点光源，重点照射被陈列的食品。灯具应选用显色性高的白炽灯，白炽灯的光线强调暖色，使食品的色泽更为鲜艳诱人，突出菜品和原料的"色香味"的艺术表现。

阿布扎比柏悦酒店

咖啡厅空间层高较高，设有开放式厨房，暗色调的几何形状灯具与浅色的大理石地板对比强烈，设计的最初目标是为宾客营造野餐般的就餐氛围，因此选用了可折叠的桌椅。

②内部照明的艺术效果

讲究装饰的餐厅经常选择一些有着优美造型、极富艺术特色的灯具，以显示与其等级、规模、餐厅命名相适应的特点。在白天，灯具的造型点缀着空间，在夜晚，这些灯饰更是焕发出引人入胜的华丽光彩，成为空间的构图中心，人们注视的焦点，也是主题餐饮空间的艺术魅力。

A. 灯具的种类

a. 天花顶类灯具

顶面类灯具有吸顶灯、吊灯、镶嵌灯、扫描灯、凹隐灯、柔光灯及发光天花板等。

b. 墙体装饰类灯具

墙面类灯具有壁灯、窗灯、檐灯、穹灯等。

c. 局部的强化灯具

d. 便携式灯具

便携式灯具是指没有被固定地安置在某一地点，可以根据需要调整位置的灯具，如落地灯与台灯等。

B. 灯具风格

灯具的造型及用材，可以体现一定的风格。除了光的造型之外，昼夜都能欣赏的灯具造型也是体现餐厅室内文化氛围的重要方面。灯具风格、造型要与餐厅风格、设计手法、色彩、陈设等相一致。

a. 古典西式灯具

古典西式灯具的造型受电源灯产生前的人工照明影响，与十八世纪的欧洲非电源灯的造型非常相似。

b. 传统中式灯具

传统中式灯具受中国民间和宫廷的油灯、烛灯影响，具有代表性的为灯笼与多角形木结构灯具。

c. 日式传统灯具

日式传统灯具的特点是以纸和木制作较多，光色柔和，注重气氛。

项目名称：香料市场　　设计：康克里特
设计团队：罗伯等　　建筑公司：JW
建筑师：杰伦、梅勒妮　　灯光设计：莫里斯灯光设计
摄影：埃乌特

伦敦W酒店

可以想象这么一堵香料墙，俨然一个色彩斑斓的世界。亚洲美食的色、香、味应有尽有。可以想象这么一个香料柜，两层楼高，24 m 长，赫然一个大厨梦寐以求的"百宝箱"。就是这样一个"百宝箱"，成就了"香料市场"与众不同的美食。这个"百宝箱"是本案空间的中心，是本处空间尽享美食的起点。走在大街上，透过建筑透明的立面，便可以看见"百宝箱"。

伦敦"香料市场"可以说是纽约"香料市场"的姊妹篇，位于莱斯特广场的新兴建筑内。该建筑风格现代，而该空间却古色古香，极富民族风情。镏金的格状滑动屏风、黄铜网状的灯笼、木地板、黄铜材质的鸟笼形状的旋转楼梯以及 600 个风格折衷的炒锅式灯具，共同给人一种亲密的气氛。

两层高的空间，以"鸟笼"作为连接。夹层的中空向空间传递着厨房的能量。一楼有鸡尾酒吧、寿司吧、休息大厅，而饭店、开放的厨房则位于夹层。

黄铜灯镭射切割图案，于整个空间洒下一种温暖的、柔柔的灯光。抬头上望，明灯盏盏，辉如星河。当然，本案空间并非仅仅是厨房，是饭庄。里面的吧台酒凳，更是一个让你等候朋友时小酌一杯的地方。两人式餐桌有定制的扶手椅。黑色的席座为食客提供着更为亲密的气氛。同样黑色的皮面躺椅、沙发配有放松的靠垫，在此品尝咖啡，聊聊天，如此快意。

三、通道设计与动线安排

餐厅通道的设计应体现流畅、便利、安全，切忌杂乱。要求从视觉上给人以统一的感觉，要求其平面变化达到完整与灵活相结合的布局效果。

餐厅动线是指客人、服务员、食品与器物在厅内流动的方向和路线。客人动线应以从大门到座位之间的通道畅通无阻为基本要求。一般来说，餐厅中客人动线采用直线为好，避免迂回绕道。餐厅中客人的流通通道要尽可能宽畅，动线以一个基点为准。餐厅中服务人员的动线长度对工作效率有直接的影响，所以原则上愈短愈好。在服务人员动线安排中，注意一个方向的作业动线不要过分集中，尽可能除去不必要的曲折。如果设置一个"区域服务台"，那么既可存放餐具，又有助于服务人员缩短行走路线。

阿班尼雪邦金海岸度假村

Hai Sang Lou 餐厅动线设计宽敞，红色的绒布沙发餐椅形如蜿蜒爬行的蛇，绣以中式的传统图案，予人清凉之感的木、麻等天然材质的综合运用，不仅洋溢出浓浓的中国风，还赋予餐厅一种东南亚风情。餐桌之间使用红色的轻纱帷幔作间隔，形成一种隔而不断的朦胧美。

巴厘岛切蒂萨卡拉酒店

位于潟湖式泳池旁的餐厅是一座优雅的坡屋顶建筑，室内客人动线采用直线，在整体棕色色调的笼罩下，手工定制的餐桌椅搭配温暖柔和的灯光，氛围温馨融洽，充满浓郁的巴厘岛风情。

柬埔寨安纳塔拉吴哥水疗度假村

设计以本地神话与传统美食为灵感，The Sothea 的迷人元素重新诠释了用餐的含义。客人进门就会看到传奇的 Lord Aso 的雕塑，他拥抱着自己深爱的妻子，标志着关爱与个性化的服务风格。优雅餐厅内的手工黄铜吊灯由手工艺大师精心打造，使天花板成为一件视觉杰作，让人联想到高棉佛教的"庇佑之伞"，人们相信它能为皇族带来神圣保护。

泰国阿玛瑞华欣酒店

泰国餐厅运用各式木材，透过自然肌理与温馨触感，让宁静的氛围得以徐徐融入餐厅的每一隅，加上玻璃艺术的混合使用，外面的熙熙攘攘被隔绝于门外，让人平静地沉浸于祥和的空间中。又采用泰国传统文化中最常见的元素——鸟笼装饰，形态逼真，颇具悠闲静谧的生活气息，让人感受到更深层次的人文休闲底蕴。

Blue Flame Cooking Pod 是MDI为世人呈现的一个精彩的空间。互动式的厨房、教学式的烹饪设施，为客人展开了一个紧随大厨学习厨艺的美好空间。直播式的视听设备，厨房员工与客人互动之间，享受着自己的美食创意。品酒室是组团客人的天下，富有经验的品酒师使来自世界各地的美酒别样醇香。

多功能的公寓式设计使每一个区域保持独立的同时，也能更好地相互融合。富有质感的玻璃面板，波状起伏，点缀着玻璃珠球的天花，一切显得那么顺畅、瑰丽。定制的家具、灯盏，彰显着设计的特色，为客人创造出一种令人激动的用餐体验。

该餐饮空间无论是内部还是建筑的形式，其灵感皆源于丰富的海洋生物以及附近水域的生物多样性。柔软、透明的水母，静静地卧在白色的沙滩上，些许灵感，令人遐思迩想。钢构、水泥的构造却给人一种轻盈的质感。因为重量与体块的极致简约，屋顶因此精致、透明。穿过度假村的花园，迎接客人的是落日的余晖。沿着入口的动线，大头针一样的明灯钉在细细的铝质灯柱上，如同夏日的萤火虫。酒吧周围的"水母灯"由透明的光纤组成，凸显着空间的海洋主题。

餐厅色彩大胆的应用，醒目的图案设计，带来一种前卫的现代活力。设计在颜色上还特地加缀了充满中东风情的金色，更精心挑选了当地特有植物的图案印花，以彰显奢华的度假情怀和地域的特殊性。Missoni 品牌的餐具与玻璃制品提供充满意式风味的美食，使入住的客户体验到全套的 Missoni-Style 生活美学。

KC 格兰德度假村酒店的餐厅不设外墙，让阳光毫无遮挡地投射进室内。为避免太阳的高温，设计师巧妙地安排，使屋中自然形成阴影，为人们带来一室的清凉。餐厅的屋顶设计与外墙上的折线相同，虽然酒店空间繁多，但细节处的贯通却增加了建筑本身的整体感。餐厅内也以木质结构为主，营造出自然轻松的舒适氛围。

四、温度、湿度和新风量

　　温度、湿度和通风是无形的，它们是餐厅环境气氛中极为重要的因素，直接影响着顾客的舒适程度。温度太高或太低，湿度过大或过小，以及异味都会让顾客产生不舒适的感觉。

1. 温度

　　顾客因职业、性别、年龄的不同而对餐厅的温度有不同的要求。通常，妇女喜欢的温度略高于男性；孩子所选择的温度低于成人。活跃的职业使人喜欢较低的温度。此外，季节对餐厅的温度也有影响。夏天，餐厅的温度要凉爽；冬天要温暖。一般来说，餐厅的最佳温度应保持在 21 ～ 24 ℃。

　　温度还能影响顾客的流动性。很多快餐厅利用较低的温度来增加顾客的流动率。同样，豪华的餐厅应该用较高的温度来增加空间的舒适度，因为较温暖的环境给顾客以舒适、轻松的感觉。三星级酒店餐厅夏季的温度为 25 ～ 28 ℃，冬季温度为 16 ～ 20 ℃；四星级酒店餐厅夏季温度为 24 ～ 26 ℃，冬季温度为 18 ～ 20 ℃；五星级酒店餐厅夏季温度为 22 ～ 24 ℃，冬季温度为 20 ～ 22 ℃。

2. 湿度

　　湿度会影响顾客的心情。湿度过小，即过于干燥，会使顾客心绪烦躁。反之，适当的湿度能增加餐厅的舒适程度和活跃程度，减缓顾客的流动。四、五星级酒店餐厅冬季的相对湿度保持在 40% ～ 50%，夏季保持在 50% ～ 60%，而三星级酒店餐厅冬季的相对湿度则大于 30%，夏季保持在 55% ～ 65%。

3. 新风量

　　气味是餐厅气氛中的重要组成因素。气味通常能够给顾客留下极为深刻的印象，顾客对气味的记忆要比视觉和听觉记忆更加深刻。有时，烹饪的芳香弥漫餐厅，会引起顾客的食欲。然而，如果气味不能严格控制，餐室里充满了令人反感气味，必然会造成极为不良的后果。

空间利用率极高，却也不会显得拥挤，起起落落的古杆灯让整体空间颇具灵动的韵味。

目前，大多数的餐厅为吸烟者提供便利，只有一少部分为无烟餐厅，因为大量的烟雾、食物的热蒸气会使餐厅空气严重污染。排出不洁空气，输入新风，才会使餐厅保持一份无形的优质。不同星级酒店的餐厅新风量标准有所不同，四、五星级酒店餐厅冬夏两季的新风量均为 25 m³/h 每人，而三星级酒店餐厅冬夏两季的新风量则为 20 m³/h 每人。

空间层次划分明显，井然有序。低调的黑色古典餐桌椅搭配经典的中国红，生动且有韵味。桌上的梅花与窗外绿树结合，自然惬意，如此美好。

生动的建筑配以采用多种印度洋和欧洲风格材料的时尚室内设计。其核心元素为柚木、藤条、修竹、皮革、青铜、茅草、椰子、贝壳等天然材料，并配以白色、灰褐色、浅灰色等色调的装饰，更有鲜艳的黄色和绿色点缀其中，各种定制设计元素及起居风格的手工艺品俯仰皆是。

五、背景音乐

　　餐厅里的声响包括噪音和音乐。噪音是由烹调、顾客流动和餐厅外部所造成的。不同种类的餐厅对噪音的控制有不同的要求。对于招待忙碌了一天的企业人员或顾客的餐厅来说，就需要安静和幽雅的环境。因此，对噪音的控制较为严格。

　　现代的研究已经证实，音乐确实对顾客的活动有一定的影响。明快的音乐会使顾客加快就餐；相反，节奏缓慢而柔和的音乐会给顾客一种放松、舒适的感觉，从而能延长顾客的就餐时间。因此，不同种类的餐厅要进行不同的音乐设计。

卓美亚德瓦娜芙蓉岛酒店

以提供国际菜式为主的Azara 是马尔代夫卓美亚德瓦娜芙蓉岛酒店的主餐厅，位于Azara 沙滩边，可欣赏印度洋美景。餐厅设计精美，尽显酒店设计美学，给客人营造出一种舒心宜人、恬静安宁的阅读环境。客人在此既可以阅读，也可以欣赏美丽海景。

六、色彩

　　餐饮空间设计的色彩艺术没有固定模式，要做好餐饮空间的色彩设计，首先要确定其总体的基调，然后再针对空间不同区域的功能来设定搭配的局部色调。处理色彩关系一般是根据"大调和、小对比"的基本原则，即大的色块间色调协调，小的色调与大的色调间讲究对比，在总体上应强调统一，但也要有重点地突出对比，起到"动中有静，静中有动"的感觉。

　　色彩的应用除了能营造室内空间气氛，还能影响着宾客的食欲。一般说来，暖色调容易引起食欲，冷色调则会使食欲减退。在实践中，中餐厅一般适宜使用暖色，以红、黄为主调，辅以其他色彩，丰富其变化，以创造温暖热情、欢乐喜庆的气氛，迎合进餐者热烈兴奋的心理要求。西餐厅可采用咖啡色、褐色、赭红色之类色暖而较深的色彩，以创造古朴稳重、宁静安逸的气氛；也可以采用乳白、浅褐之类色彩，使环境敞亮明快，富有现代气息。

　　在餐厅经营中运用色彩应注意：根据经营的目的确定色调；根据所要营造的餐厅气氛选择色彩；根据餐厅的主题选择色调；根据餐厅的位置选择颜色。

苏梅岛W酒店

　　日本餐厅 Namu 内部装修由曼谷 P49 Design 公司负责，精巧的入口处设有迷人的垂直花园，两侧立有仿造竹子外观的玻璃绿棒，高耸的穹顶盘旋而下，营造出清幽静谧的独特氛围。为了让餐厅与外部环境相协调，设计采用了木制家具，木头的颜色与被冲上沙滩的漂白浮木相近，加上柔和的光线、梦幻水栖特色与之结合，为餐厅打造了宁静怡人的环境。

首尔W华克山庄

Namu，韩文的意思为木材。本案如常年封存于橡木桶内的优质红酒一般，撷取来自 Mt Acha 山——被韩国人视为五大吉祥的山岳之一，以木结构为 Namu 这个明日的亚洲美食餐厅标示出属于它的独有巧思与特质。设计过程中，Tony Chi 将焦点放在自然元素的转化上，如"液体"为酒吧安静的延伸，"冰"则为生鱼片及生鲜区的转化，"火"为格栅区，"木"是餐厅的焦点。像小屋般的烤肉区由堆起的圆木围绕，营造出一个温馨的环境，使客人在享用可口食物的同时也能观看厨师的现场制作。

Il 酒吧整体设计的灵感来自意大利银匠精湛的手工艺术，是在伦敦体验意式 Dolce Vita 生活的最佳地点。酒吧以精心锤炼的银饰装点，由意大利工匠手工打造，堪称独一无二。天花板以钛金装饰，地板铺设黑色花岗岩，墙壁镶嵌萨佩莱红木。一道弧形楼梯蜿蜒而下，直通 Il Ristorante 餐厅，墙面覆盖金属光泽的面料，其上饰有二十世纪二三十年代宝格丽珠宝的设计草图，这些作品均为宝格丽的历史珍藏。

　　餐厅被设计成丛林深处的模样，四周陈设着一株株树木用作装饰，与墙面上铺着的雪中丛林图案的墙纸相映成趣，使餐厅看起来好像陈设在雪中森林里一般。白色餐桌搭配绿色座椅也有着清新的自然风味，让人仿佛走近了大自然之中。

七、消防设备

　　餐厅应具有自动火警报警系统、自动喷淋系统、消火栓系统以及必备的灭火器材等消防要求设备。在酒店中的餐厅，常常还有隔离消防钢门将餐厅和其他营业区域加以区隔，在餐厅与厨房之间增设水幕设施，作为防火隔断。

　　餐厅自动火警报警系统，其测量头多为烟感器。要注意烟感器的检测最大区域为 83.7 m^2，两个烟感器距离不应超过 10.7 m，烟感器与墙之间的距离不应超过 5.5 m，也不应小于 2.03 m。喷洒系统多采用玻璃球闭式喷头，其玻璃球内色标颜色表示公称动作温度，餐厅一般选用红色，厨房选用绿色。每个喷头保护面积为 5.4 ~ 8.0 m^2。因此，喷头与墙柱距离为 1.1 ~ 1.4 m。

八、音像系统设备

音像系统一般由播放音像设备、收视设备、麦克风、扬声器及其连线组成。播放音像设备应放置在客人不易看到和触摸到的地方，不仅能节约营业场所面积，而且不易被损坏。

收视设备不应悬挂在某一餐台上方，距最近的餐位应大于 2 m 的距离，每一台收视设备的收视距离以 8 m 为宜，即收视范围以收视设备为圆心，形成 75°、8 m 长的扇形收视区。

扬声器要分布匀称，高低适度，音量适中，曲调选择要精确。如顾客以青年人为主，则以稍快节奏为宜；如顾客以老年人为主，则以较慢节奏为宜。如是西餐厅则宜播放西方古典音乐。同时，还可根据进餐者人数的多少与营业高峰、低谷，变换节奏不同的音乐。

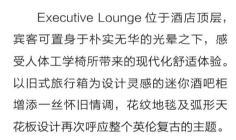

Executive Lounge 位于酒店顶层，宾客可置身于朴实无华的光晕之下，感受人体工学椅所带来的现代化舒适体验。以旧式旅行箱为设计灵感的迷你酒吧柜增添一丝怀旧情调，花纹地毯及弧形天花板设计再次呼应整个英伦复古的主题。

香港帝京酒店

九、空间分隔

　　餐厅空间分隔的总体原则是使客人既能享有相当隐蔽的空间，又能感受整个餐厅的气氛。餐厅陈设的简繁以及空间曲折、大小、高低的不同变化，能产生出形态繁多的空间分隔。餐厅空间分隔主要有以下几种常用的形式：

　　1. 软隔断分隔，即用垂珠帘、帷幔、折叠垂吊帘等把餐厅进行分隔。软隔断富丽、高档，一般在有空调的餐厅中使用。

　　2. 通透隔断空间，表现出传统的文化气息，通常指挂落、落地罩、屏风式博古架、花窗隔断等，一般是将大餐厅分隔成若干个雅座时使用。

　　3. 列柱、翼墙是满足特定空间的要求而虚设的。列柱、翼墙有稳定、厚重的感觉。

　　4. 用灯具对餐厅空间进行分隔，有一种隔而不断的感觉，达到一种特殊效果。灯具的布置起到了空间分区的作用，对于西餐厅和酒吧来说，是室内环境设计的常用手法。灯具分区既保持了大的整体空间的气魄，又在顾客的心理上形成分隔，而且空气流通良好，视野宽广。

　　5. 矮墙分隔空间，使就餐者在心理上产生一种自我受到保护的感觉。人们既能享受大空间的共融性，又能保持心理的隐秘性，矮墙分隔同样具有灯具分隔的多种优点。

6. 升降高程划分，即将餐厅室内的地面标高以局部提高或局部下降，用台阶作为联系的通路。一般升高程用得较多，通过突出地面，暗示出两个空间区域。

7. 用植物划分，不仅可以限定两个功能不同的空间，还可以阻挡视线，围合成具有相对独立性的私密空间。 植物本身就成为一种充满生机的"屏"，隔而不断，使空间保持其完整性和开敞性。植物还可以调节室内空气，调节温湿度，改善小气候，增加视觉和听觉的舒适度。同时，由于人们对大自然的向往，因此对植物也有较为偏爱。

8. 装饰物的放置也可以暗示一个空间的结束，另一个空间的开始。此时，它与半通透的隔断或柱子具有相同的作用，不会阻碍人们的视线，但会阻碍人们的行动，从而给室内带来丰富的空间层次。

按照空间构成的原理，多种类型的物体都可以在分隔空间时加以利用，如花架、水池以及铺地材质的变化等都能起到分隔空间的作用。

十、服务形式

1. 自助服务

通常情况下，自助服务形式会将桌椅摆放成线形或环形排列，井然有序，过道留有足够的宽度，以适应自助式选餐的较大人流。在明显位置设置单向或双向选餐台，餐桌到选餐台的流线尽量短，以便各方位顾客选餐。

2. 坐等式服务

坐等式服务是一种更常见的、灵活的、快捷的服务方式，在餐饮空间中占有绝对比重。

3. 吧台式服务

一般来说，吧台式餐台服务亲近、方便，做吃一体，食者舒心。但与餐桌相比，吧台占用空间较大，因为吧台只能在一侧放置座椅，为弥补座椅数量少的缺点，应该把吧台做成环形或在侧面放置座椅以扩大空间容量，增加客流。

阿雅娜水疗度假酒店

Rock Bar 可谓建筑设计与工程建造的奇迹，位于度假村高耸悬崖之上，离海面 14 m，由日本设计事务所 SPIN 的 Yasuhiro Koichi 以简约主义进行设计，突出阿雅娜度假村 Kisik 海滩的自然美景和岩石布局。Yasuhiro Koichi 表示，岩石吧的神奇魅力在于能有亲近大海的感觉，享受海岸风光，因此，设计努力营造一个较为轻松休闲的环境来衬托自然元素。此外，Rock Bar 主层两边设有两个以实木铺设的平台，上面放置有舒适的沙发，为客人提供额外的观景点。其中一个平台和天然洞穴相通，这是进入沙滩"秘密花园"的独特入口。而于洞穴入口处发现的一块巨大的天然百年水晶石摆设，不仅是令人震撼的装饰，也是阿雅娜度假村的另一个无价之宝。

四季波拉波拉度假村的 Arii Moana 餐厅俯瞰着潟湖及奥特玛努山风光，餐厅高挑的茅草屋棚下弥漫着优雅的水色风情。餐厅以"木"与"海洋"为特色，自然在装饰上也少不了点题。于是，珊瑚、枯枝成了人们在用餐时最亮眼的装饰，而与之相伴的海洋也因此更显浪漫。

巴塞罗那文华东方酒店

Blanc Brasserie & Gastrobar 位于巴塞罗那文华东方酒店中心处，其华贵典雅、时尚现代的装饰设计正如其现代气息浓厚的地中海菜式一般让人难以忘怀。戏剧色彩浓郁的白色阴影装饰，明亮、鲜艳、优美。精选家具包括超低沙发、高背扶手椅和华丽的东方雕饰，这一切都使它的装饰风格显得现代气息浓厚。地中海的温暖阳光透过玻璃屋顶倾斜而下，给人宛若仙境般的感受。

酒店餐饮空间的类别

酒店中的餐饮空间一般包括中西餐厅、酒吧、咖啡厅等。按照饮食习惯和用餐方式的不同，又分为中餐厅、西餐厅、自助餐厅、行政酒廊等。

一、中餐厅

中餐厅在国内酒店众多餐饮项目中占有最重要、最核心的位置，其经营的水平实际上决定了酒店整个餐饮的走势，而设计和装修对经营有很大的影响。

1. 准确定位

餐厅的装修应围绕经营而进行，以顾客为中心，因此，首先要对目标市场的容量及餐饮需求的趋势进行分析；同时，还需考虑酒店的整体风格、餐饮的整体规划、星评标准的要求以及装修的投入和产出等相关问题。

2. 功能划分

入口区域、就餐区域（零点区域和包间、VIP）、通道区域、厨房操作区域、自助餐区域等，是中餐厅不可缺少的区域。规划设计这些区域时，要注意充分考虑以下问题：

（1）餐厅布局尽量避免使用排桌式，而是通过各类形式的玻璃、镂花屏风将空间进行组合，不仅可以增加装饰面，而且还能很好地划分区域，给客人留有相对私密的享受美食的空间。

（2）餐厅中尽可能少设，或不设酒水服务台。

（3）包间的设计，门尽量不要相对，应尽可能错开。应考虑一部分包间的多功能性，通过使用活动隔断，使包间可分可合，满足多桌客人在一

长白山柏悦酒店悦堂餐厅随处可见的镂空木雕装饰，花窗、屏风、桌案，仿佛有着明清建筑的考究和大气，整间内室格局分布自然雅观，风格沉稳明畅，深棕色、大红色、暗灰色，几种色彩的融合自然又风趣，将深棕的沉稳、暗灰的中庸、大红的尊贵都淋漓尽致地体现了出来。

相对独立的场所就餐的需求，增加包间使用的灵活性，从而提高包间的使用率。要注意选择隔音效果良好的隔断，确保为客人提供相对私密的就餐环境。

（4）高档包间内设备餐间，备餐间的入口要与包间的主入口分开，同时，备餐间的出口尽量避免正对餐桌，还应设置会客区、卫生间以及嵌墙式的衣帽间。

（5）尽可能减少餐厅及包间区域地平高低的变化，有利于提高空间的利用率，同时也能避免客人摔倒等事故的发生。

3. 重视流线设计

中餐厅零点区域与贵宾包间应分设入口，给顾客留有私密的空间；同时，服务流线避免与客人通道交叉，以体现餐厅的档次和服务品质。此外，也要保证合理布局，使厨房传菜路线短且不与其他公共区域交叉。

4. 灯光设计

中国文化源远流长，饮食文化更是从其中滋养衍生而出。灯光与用餐者的味觉、心理都有着密切的联系。餐厅照明设计是一个相对整合的过程，需正确处理明与暗、光与影、实与虚等因素之间的关系。设计舒适的光环境，能调动用餐者的审美心理，从而达到饮食之美与环境之美的统一。为了满足用餐者的不同需求，餐厅一般设计有：大桌（可容纳 10 人左右同时用餐）、小桌（可容纳 4 人左右同时用餐）、VIP 包房。对于不同的区域，运用不同的照明手法。

首先，室内设计多取"正中人和"的传统手法，将餐桌摆放在餐厅中的中心位置，方正的造型会与周围的环境融合。一般会运用重点照明来提升整体气氛，甚至考虑用光来划分每个区域。而对于较小的餐桌，灯光处理相对较暗，一般采用点光源，光线从上至下投射到餐桌上，光源一般选用显色性较好，色温 2 700 K 左右为佳，这样使食物看起来非常诱人，促进食欲。在较少眩光的情况下，突出主题桌面，相对两侧的活动区域，照度值相对减少，利于柔和光环境的营造。

其次，VIP 包房的照明设计以强化室内设计、衬托整体环境为主。运用功能照明与装饰照明相结合的手法来处理整体光环境。功能性照明主要体现在，选用显色性好的光源来表现菜品可口；装饰性照明主要用来衬托环境气氛。灯具可选用外形能体现中国文化气息的灯具，如灯笼、宫灯等。同时，尽量避免直射光的使用，因为直射光会在桌面及墙面造成光影，还容易造成眩光，使环境不和谐。VIP 包间内设计有装饰摆件、壁画等装饰品，照明多采用点光源局部照明来突出强化物品的装饰性。

入口处的照明不宜过高，但一定要与内部的指引性照明相结合。与入口相连的等待区域，亮度应比用餐区域的整体亮度高一些，以增强空间的立体感。等待区充满无形漫射光，营造无限空间的感觉。在等待客人较多时，有利于减少客人产生急躁的心理。服务通道灯光设计只需满足功能照明。

5. 其他设计细节

（1）餐厅入口设计应一目了然。

（2）尽量降低各种噪声，如餐厅与厨房间设置两道门可以降低来自厨房的噪声，风机房应设置在对包间影响最小的位置。

（3）卫生间最好设在餐厅内或者离餐厅近的区域，以方便顾客；且与员工卫生间分开；卫生间入口应男女分开，门口应有明显的标记——文字或图案，以图案较为醒目；避免直视；装饰材料要易于清洁，风格与整体统一；卫生间应有良好均匀的灯光照明，洗脸盆上方的镜子前应有遮光的暖色灯。

凰庭，以中国传统瑞兽命名，参照传统贵族府邸建造而成，再现原汁原味的胡同氛围。山西淘来的木门、苏州大宅的房梁、北京旧城的墙砖……一座内敛而不失尊贵的中式大庭院被"搬"到了北京王府半岛酒店。凰庭由香港设计公司设计，大量使用了传统装饰材料、图案，除了仿明式的桌椅和龙袍图案的刺绣，这里的木制品、砖雕、茶室的陈列架都是上百年的老物件，古朴之风随处可见。

北京王府半岛酒店

澳
门
美
高
梅

澳门美高梅金殿堂餐厅的设计以
中式祥云为主题，来自南京的"云中
龙"巨石柱坐落餐厅正中，犹如艺术
品般低调地展露雄伟气势，白色云石
上徐徐而下的流水亦恍如行云，充分
发挥现代中国风之韵美。

香
港
帝
京
酒
店

帝京轩以中国文化中代表着欢乐
及喜庆吉祥的红色为主色调，简洁时
尚。以大型云石柱配合清雅的中式墙
身设计，既保存了中式的传统古典，
又突显了当代的时尚感。

二、日式餐厅

里拉皇宫凯宾斯基酒店

日式餐厅亦称和风餐厅，是专门经营"和食料理"的日本风格餐厅。按照日本饮食业界的分类，和食料理店是指经营日本传统料理的一类饮食店，如天妇罗料理店、鳗鱼料理店、河鱼料理店和乡村料理店等等。但对于开设在我国的日式餐厅而言，其装修风格往往比其分类更显重要。除了在食品和烹饪手段上要尽可能采用日式以外，餐厅设计的平面布局和装饰风格也必须带有日本特色。

该空间装饰特色有二。其一可谓是该空间的招牌，水晶佛陀雕像立于水面；其二为一日式钟悬于天花。现代设计完美地融入日本风格餐厅之中。黑色的橡木立柱仿佛从天而降。古色古香的丝质和服元素装饰着私人餐饮室的墙面和寿司吧。红黑的东亚主题色调，展品室的高光色调传递着传统日式料理的美学。

（一）平面布局

日式餐厅设计，平面大致分为客用餐厅、备餐前台、厨房、管理办公等几部分，其中客用餐厅可分为座椅席、柜台席、榻榻米席、雅座式榻榻米单间和大宴会用的榻榻米式广间。餐厅空间较为低矮，净高一般在 2 300 ~ 2 700 mm 之间，门窗皆为推拉式，空间可分可合，地面铺榻榻米席。

（二）入口设计

日式餐厅入口自有其特色，一般包括前庭、置放食品样品的展示柜、玄关及收银台等几个部分。

前庭：常设置成日本古典庭园的形式，例如茶室中运用石灯、水钵、庭石、花草、竹、白砂等。前庭的空间一般很小，但组合精巧，常与玄关一起营造曲径通幽、引人入胜的效果。特别是在高级餐厅中，前庭与玄关的空间进深拉大，

能使人进入餐座之前放松心情，有一个较好的心理过渡，对餐厅也能留下深刻的印象。

玄关：通常设自动开启门或推拉门，地面铺设日本大理石或岩石。因餐厅为公共场所，故其虽与一般住宅有相同的空间处理——玄关与正厅之间有一步高差，但却与住宅有所不同——客人在移至榻榻米席前脱鞋。

食品样品展示柜：陈列该店的主要菜肴，展品均为塑料制品，形象逼真、色彩鲜艳，具有良好的视觉效果，且每份饭菜均明码标价，使客人在门外就对餐厅经营的项目和价格有所了解，方便进行选择。

收银台：设于出入口附近，可监视到餐厅大部分空间，了解客人的出入情况。收银台一般不正对大门设置，而是设在门的一侧以免客人在出入时与之形成对视，感到不自在。

吴哥苏哈度假村

Takezono 日本餐厅由四个部分组成，包括用餐区、榻榻米室、铁板烧区以及寿司区。日式风格的设计通过采用美丽的日式装饰，如餐厅入口处的竹子、石头、印度石板、盆栽绿植，以及榻榻米室内的竹子水墨装饰画、日本艺伎塑像、蓝色榻榻米坐垫等，营造出一种安全、宁静、放松的悠闲氛围。

（三）装饰特色

日式餐厅设计善于借用自然景色，室内装修一般采用最天然、朴实的材料，如木、草、竹、石等，力求与大自然融为一体，营造出朴素、安静、舒适的空间氛围。其线条清晰，布置优雅的木格拉门、地台等都带着浓郁的日本民族特色。日式餐厅秉承了日式建筑对于自然质感的追求，传统日式家具、深棕色系的基调以及传统的木质台阁等等，都洋溢着浓郁的日式风情。

（四）座席方式

根据日本人的生活方式、家居特点，日式餐厅设计的座位通常分榻榻米席、柜台席、座席三种。

1. 榻榻米席

榻榻米席是和风建筑中特有的座席形式。所谓"榻榻米"，实际上就是一种用草编织的有一定厚度的垫子。一块垫子称为一帖，其标准尺寸为900 mm×1 800 mm。在榻榻米席上盘腿而坐是日本人的传统习惯，虽然随着西方文化的进入和生活的现代化，日本人也开始了坐高椅子的生活。但对于大多数中老年的日本人来说，席地而坐的低视线、低中心和榻榻米席冬暖夏凉、软硬适中的质地仍使其感到舒适和踏实，特别是喝酒佐餐的场合，更觉得与高座椅席有明显的差别。由于榻榻米席的铺设不同，隔断布置位置不同，日式餐厅中的这类空间也有许多不同的称谓。

（1）条列式榻榻米座席

这种榻榻米座席一般与椅子式的座席并置在同一个大空间中，沿边布置。通常进深为1 800 mm，也有进深为1 350 mm和2 700 mm的；宽度根据餐厅空间和设计而定，总体一般呈长条形式，中间也可置隔断进行分割。

（2）榻榻米雅间

常用的榻榻米雅间有4.5帖、6帖、8帖等。4.5帖的空间一般供四人用餐，摆6人的座席时稍感紧张，8帖空间供6人进餐则比较宽裕，具有高级感。雅间设有可以推拉和摘取的门扇，一般都有两个方向设这样的推拉门，以便灵活地设置出入口和服务路线。门扇的标准尺寸与一帖榻榻米席相同。

（3）榻榻米广间

广间是由12帖以上榻榻米席连续铺设而成的大空间，一般作为宴会场所供集团及多数人使用。广间中端头设主席席，普通席则垂直于主席席排列，根据房间空间的宽度排成一列、二列或多列。

（4）下沉式榻榻米席

下沉式榻榻米席既保持日本传统榻榻米席的特色，又有坐座椅时可把下肢垂下放松的优点。需要注意的是榻榻米席是块状的，一帖为一块。下沉的部分是去掉其中的一帖形成的，下沉的深度一般为400 mm左右。

卓美亚阿联酋联合大厦酒店

空间室内设计由DBI主笔，集现代风格与优雅品位于一体。用材涉及石头、木材、皮革，宛如一个浑然天成的自然调色板。墙体似的玻璃屏风给人一种安详宁静的感觉，同时彰显日式料理清新的特点。借助于背光的酒吧与屏风，整个空间色彩鲜亮，富有生机。

POC设计的灯光照明强调着空间的玩味与原创，同时升华着多层次的纹理、质感、用材与形状。各元素平衡于和谐之间。简约的纸灯笼悬于空中，汇聚成海。灿烂的星河中间饰以 AR111 射灯。

除了现代料理，厨房还烹饪传统的日本美食，包括寿司吧、饮料吧在内的空间在现代纯真的扶桑气氛中，悄悄地弥漫着一种城市的互动。

黑色原本如同光照一样重要，特别是在如本案一样的空间中。不是借助于光照的浸入，而是通过对比以实现可以有机呼吸的多层次质感，从而升华空间的层次、吸引观众的注意。

斯科茨代尔W酒店

"罗库寿司"是品尝"IDG 创新"餐饮的又一天地，将以斯科茨代尔 W 酒店的招牌料理为主打。"罗库寿司"一贯以井然有序、高端的营业环境闻名，同时以富有艺术气息、感性的美食著称，此处寿司，世间绝无。环境虽然生动、时髦，但该品牌的每一个营业场所都宛如一个禅意悠悠的花园。非传统的就餐方式为客人呈现了稀罕、充满异国情调的享受。

虽主营寿司，但空间的室内装饰别致如饭店。其间堵墙，彰显明目。墙中央实心的混凝土纺锤从里至外点亮，如同整个餐厅的大背景。大块的自然石，柚木的地板、天花，油光锃亮的铜质细部、水、火元素提升着整体的视觉效果。二层天台，泳池之旁，附设有房间。亲密的室内环境里可以见证两人的浪漫爱情，也可以举行多达 50 人的社交活动。

2. 柜台席

　　柜台席属于开放式厨房的座席，这种风格在一定程度上符合了日式设计风格空间的流动性特征，一般在日本餐厅中运用较多。柜台席沿条形的柜台或桌子一侧布置座位，有直线形、L形、折线形、曲线形和高低式等多种形式。柜台席一般与酒吧、开场式厨房结合，常作为厨房与餐厅间的分界，柜台的一边是厨房的操作台，另一边是客人用的餐桌。它节省了端送的路线，使店家与顾客之间的关系更为亲密、融洽，顾客在品尝日式美食的同时，又能欣赏美食的制

作过程，还能够深刻地领略不同地域的别样文化。特别是对单人顾客来说这是很好的就餐位置。

　　除了沿厨房设置外，还有面对窗子和面对墙壁的柜台席。面对窗子的席位，对顾客，特别是单人顾客而言，有良好的视野，是舒适安静的位置。而面对墙壁就显得单调和冷清。

　　柜台席的面板在装修中占据重要的地位，在"和风"餐馆中多数采用木质材料，注重突出材料的自然形态和纹理。

苏梅岛W酒店

作为一个充满活力的"浮动"空间，The Kitchen Table 清新、现代的设计营造出一种欢快的气氛，让人感觉就像是在自己的客厅里就餐一样。丰富多彩的木质材料、天然的石材与明亮的灯光、清晰的线条和舒缓的热带颜色相抵消。

3. 座席

座席是较为接近现代人习惯的一种座席方式，分为普通座椅式座席和下沉式座席两种。其中下沉式座席既能保留日本的文化特色，又从一定的角度符合了现代人的生活习惯，不用跪地而坐。这样在保持自身习性的同时又领略到了异域的风情。

4. 和室中的"床の间"

"床の间"即一种壁龛，原是"和室"中供佛的佛龛，后经演变形成一种装饰空间。"床の间"是"和室"中最重要的空间，贵宾席与之靠近，上菜的出入口与之形成对角线的位置关系。"床の间"的尺寸形式很多，一般与帖的尺寸相呼应，占一帖大小。现代和风设计中也有根据空间大小和整体构思而将其变形的，如改变形状、进深变浅等。

传统"床の间"通常分为两部分，一部分称为"床の间"，另一部分称为"床肋"，床肋部分有一些贮藏的格、柜，其上也可放一些装饰品。吊顶木板及临接"床の间"的榻榻米席铺设时要与"床の间"平行，与其垂直铺设是忌讳的形式。

参考资料：《餐饮空间设计资料》 来源：道客巴巴

三、西餐厅

西餐厅泛指以品尝国外饮食，体会异国餐饮情调为目的的餐厅。因此，就餐单元常以 2 ~ 6 人为主，餐桌为矩形，进餐时桌面餐具比中餐少，但常以美丽的鲜花和精致的烛具对台面进行点缀。餐厅在欧美既是餐饮场所，更是社交空间。因此，淡雅的色彩、柔和的光线、洁白的桌布、华贵的线脚、精致的餐具加上安宁的氛围、高雅的举止等共同构成了西式餐厅的特色。

（一）空间构成

西餐厅往往由接待台、吧台、表演台和就餐区组成。

接待台位于入口区域，是接待客人、引导入座的服务生所处的位置。

就餐区的一般布置方法是区域的中央坐席较多，区域的周围则以各式隔断划分为若干小区域。这些小区域可设为一组或多组餐桌。

表演台可设置于餐厅的一端、一隅或中央，以多数顾客能够看到为原则。表演台的面积可控制在 20 m² 左右，高度大约为 30 mm 。台上可铺设地毯，或铺装玻璃等材料。

西餐厅有时设有酒吧、吧台、吧凳，形式多种多样，但尺寸大都规格化。酒吧售酒，有时也兼有收银的作用。

（二）餐厅装修

（1）餐厅空间体量一般不大，但设计强调整体效果以及与人体尺度的关系。

（2）墙柱常用磨光的大理石或花岗岩等光洁的材料，但有时又故意搭配使用壁纸、木材、涂料乃至织物、皮革等较软的材料，形成质感上的对比，并使环境更具亲和力。

（3）设计常常使用西方古典柱式、拱券、山花及线脚等，体现西方建筑的特有风格。

（4）顶棚的形式相对灵活，一般为平滑式或跌落式。不做吊顶者，可悬吊一些植物、花格或各式各样的装饰物。

（5）墙面用石材、木材铺平或铺满地毯，色彩倾向统一和沉稳。

（三）装饰和陈设：以创造安宁的气氛、高雅的格调和西式风格为原则

（1）家具。西餐厅的餐椅多为沙发或软椅，有时也用藤椅或竹椅，以追求更加轻松自在的气氛。有些餐椅的造型带有西方古典家具的痕迹。

（2）装饰品。西餐厅的墙壁上多挂西式古典油画、植物，有时还在空间的转角处布置一些西方古典塑像。

（3）照明。西餐厅多用漫射照明和间接照明，以追求闲适的气氛。吊灯数量较少，只在面积较大的空间悬挂一些枝形吊灯。此外，更多是使用灯槽、筒灯、射灯和壁灯。餐桌上大多摆有烛台，以使环境更显幽静。

（4）餐具与酒具。西餐厅十分注意餐具、酒具的摆放。台布大多为单色，如墨绿色、暗蓝色或是纯白色，以更好地烘托刀叉、杯盘的亮丽。

阿尔蒂尼城堡酒店

阿尔蒂尼城堡酒店的餐厅，设计采用十八世纪的城堡风格，trompe l' oeil 壁画、华丽且颜色微妙的木镶板、装饰有镀金的金箔浮雕、精致的科林斯式柱式、价值不菲的古董、璀璨的吊灯以及路易十五时期风格的家具，呈现出金碧辉煌和典雅华丽的风貌。

四、自助餐厅

　　自助餐厅与其他类型的餐厅一样，是五星级酒店的主要组成部分，为住店宾客提供便捷的就餐服务，对外来宾客则是一个高级自助餐厅。通常，还对住店宾客提供免费早餐。同时，也是评星标准的主要砝码。酒店自助餐厅是一个纯粹自助式服务的经营空间。

（一）空间类型

　　根据功能要求，自助餐厅的功能类型可分为经营空间和服务空间两大类。经营空间是核心问题，餐位的数量合理化和最大化，绝对是任一餐厅设计追求的目标。合理的空间布局，结合灯光设计、精选装饰材料、合理搭配空间色彩、

新加坡香格里拉圣淘沙度假村

Silver Shell Cafe 最大的设计特点在于利用海洋生物或孩童头像浮雕装饰墙壁，各种有趣搞怪的表情丰富了空间的视觉感受。

富有特色的艺术品陈设等多方面的完善，才能够设计出合乎要求的自助餐厅。

（二）平面布局

合理的布局决定于功能上的要求，同类的空间必须相对集中，在服务空间中，自助餐台的位置需要兼顾经营空间（就餐）和厨房，布局最关键的两大要求：一是靠近厨房出菜口，以方便成品菜肴有供应和补充，同时提供最短最便捷的后勤服务路线，尽可能减少后勤服务流线与宾客流线的交叉与重合；二是要方便宾客自助选餐。

自助餐厅具有动态就餐的特点，其空间布局必须以交通流线的设计为骨架，保证不同空间的逻辑关系清晰、合理。交通流线必须清晰流畅，宾客流线与服务流线这两大流线不可有明显的冲突，必须尽量减少交叉、混淆。在设计中强调客人流线、弱化服务流线，成功的流线设计能够使餐厅忙中有序，能有效避免宾客就餐过程中的身体磕碰冲撞，令就餐过程更为轻松、优雅，也令餐厅的服务更显优质。

轻松、优雅、舒适的用餐者动线是一次完美自助就餐的基本保证。以人体健康为前提的用餐秩序，作为菜品布置的逻辑依据，确定各类菜品的摆放位置、特点，进行不同的具体细节设计。这些菜品所在的"点"将串成用餐者动线最为重要的部分，安排合理可简化用餐者动线。菜品餐台与就餐空间及交通空间（流线）的穿插，必须具有较强的逻辑性、较强的存在感、较强的标识性和空间的独立性。以更清晰的易分辨性，引导更简洁明了的就餐流线，达到快速、准确、舒适、优雅取餐的目的。

（三）风格与空间细节设计

自助餐厅的设计风格主要有三大倾向：一是完全配合酒店主体设计风格，将酒店整体设计风格、元素，甚至设计的细节，自始至终贯彻到底；二是将餐厅设计成一个个性鲜明的主题餐厅，以一个具有强烈对比效果的角色立足于酒店内；三是前面二者的综合，有机地结合多元要素，设计语言体现混搭，甚至跨界的效果，具有鲜明的时代性。

自助餐厅的风格由诸多的细节有机组合而成，如以某些家具或艺术半隔断可以作为动线的分隔界面，还可以利用地面、天花板、墙面、灯光等要素的不同色彩，营造出丰富的实体空间或虚拟空间，清晰地引导各类动线，使整体空间成为更人性化的就餐和工作环境。

（四）灯光设计

在五星级酒店的自助餐厅灯光系统设计中，一般以大量的点式照明为主，辅以一定面积的漫反射光源，不同类型灯具的点缀，也可以使天花板成为视觉的重点之一，有利于提升空间格调氛围。暖色调光源层层渲染出温馨放松的环境，光线柔和、层次丰富。点式光源最易于营造戏剧化的空间效果，与墙面、家具、艺术品搭配能碰撞出浓厚的艺术气息，为体现高品质酒店附属空间的自助餐厅提升档次。

（五）色彩设计

自助餐厅的色彩设计有多种可能性，可以延续酒店主色调或另定一个主色调进行大面积铺陈，具体实施在墙面、地面甚至天花板上。搭配家具、织物、艺术品、植物等需注意避免过度的大面积跳跃色彩，与主色调产生一定的对比关系即可恰当地产生色彩层次感，令空间色彩整体统一中充满和谐的变化。在需要突出主体地位的子空间或虚拟空间可适当采用较重或较跳跃的颜色，达到吸引目光的目的。

需要注意的是，不仅空间中的隔断、墙面、地面、天花界面、家具、织物、植物、灯具艺术品是色彩的载体，灯光本身也是非常重要的一个色彩载体。餐厅中的暖色光源或聚焦或漫射在各载体上，会在一定程度上改变载体所呈现出来的颜色，这种微妙的色温变化会影响餐厅的整体格调，在设计中需要细腻地对待。

（六）材质选择

五星级酒店的自助餐厅在追求大气的同时需要在材料的选用上进行大胆的取舍，合理的搭配。过于光滑、反光的材料从声学的角度上来说吸声系数不高，大量使用会导致出现声污染，令餐厅声音嘈杂，进餐心情烦躁，空间也缺乏温馨舒适感和亲和力。而吸音系数较高的舒适温馨的材质，如果过度使用则会使进餐空间缺少活力，进餐慵懒，脱离自助餐的氛围体系。此外，根据人的就餐心理，对于那些易于使空间呈现出庄重、严肃氛围的装饰材质，设计时需要慎重使用。

（七）家具配置

安全舒适是餐厅家具选择的第一要务，坚固耐用，易于维护、维修、更新则是餐厅家具选择的基本要求。家具的选用，必须与空间的总体风格及色彩保持一致，细节及质感都需体现五星级酒店的格调。

（八）艺术品陈设

艺术品的选用主要目的是营造空间整体氛围，其性质是整体空间的组成元素之一，不宜过于跳跃、夺人眼球。例如墙画、雕塑、工艺品选用应注意其主题与空间主题搭配，甚至承延空间的故事性，尽量避免选用过于先锋甚至讽刺意味强烈的当代艺术品，引人深思的艺术品能在一定程度上影响甚至破坏食欲。另外，还应注意与空间中其他材质的对比和协调关系及色彩关系。

Arboretum 自
助餐厅不仅仅是阿
拉伯美食文化的杰
出代表，还是国际
美食汇集的中心。
室内装饰华丽的洞
穴状天花板和标志
性的棕榈柱尽显奢
华韵味。

五、咖啡厅

咖啡厅一般是在正餐之外，以喝咖啡为主服务，是提供简单的饮食，并让客人稍事休息的场所，是酒店必须设立的一种方便宾客的餐厅。根据不同的设计形式，有的称为咖啡间、咖啡廊等，供应以西餐为主，在我国也可加进一点中式小吃，如粉、面、粥等。通常是客人即来即食，供应一定要快捷，使客人感到很方便。菜单除了有常年供应品种外，还要有每日的特餐，供应品种可以少点，但质量要求要高。客人可以在这里吃正式西餐，也可以只饮咖啡、吃冷饮，随客人自便。咖啡厅营业时间较长，一般从早晨 6 时到晚上深夜 1 时。价格相对较便宜，但营业额却很大。

（一）空间设计

1. 墙面设计

咖啡餐厅墙面质地不宜太光洁，否则缺少亲近感，特别是在远离人体接触的部位。其质感宜粗犷一些，以利音反射，或直接贴吸声材料。在接近人体部位宜光洁一些，或者设置护墙板。大的咖啡厅的墙面，重点部位可设置一些字画，小咖啡厅可根据室内环境范围，布置一些挂件，如具有民族特色的饰物、挂毯、挂盘等。墙面的色彩要结合光环境来确定。一般室内装饰设计，彩色色调最好采用明朗的颜色，照明效果较佳。但有时为了实际需要，强调浅颜色与背景的对比，而另外打投光灯在咖啡器皿上，更能突显咖啡品牌，使其更富立体感。

墙与隔断灵活分隔空间。采用形式多样的隔扇、罩、布幔以及色彩和光线等对空间进行灵活隔断，即创造了一定的领域感和私密性，又能通过联想和感知朦胧美，达到隔而不断、流动性强和层次丰富的深邃意境。

2. 地面设计

咖啡厅的地面多数采用柔软材料，如地毯、木地板等，增强舒适感。地面材料的色彩应与整体环境相结合，但面积大时，宜采用浅色调，面积小时，可选用中性色调。

3. 顶棚设计

顶棚是咖啡厅室内装修设计的重点，它起着限定空间、渲染室内空间氛围的重要作用。其形态要结合室内空间大小、灯具和风口布置、座席排列进行设计。在很多情况下，利用人的向光性特点，结合灯具布置只作局部吊顶，其形式和材料多种多样，色彩结合光环境来确定。应该重视的是灯光对空间气氛和格调起着不可替代的作用。

（二）灯光照明

咖啡馆的灯光总亮度要低于周围，以显示其特性，使之形成优雅的休闲环境，这样才能使顾客循着灯光进入温馨的咖啡馆。如果光线过于暗淡，会使咖啡厅显出一种沉闷的感觉，不利于顾客品尝咖啡。光线用来吸引顾客对咖啡的注意力。因此，灯暗的吧台，咖啡可能显得古老而神秘。咖啡制品，本来就是以褐色为主，深色的、颜色较暗的咖啡都会吸收较多的光，所以若使用较柔和的日光灯照射，整个咖啡馆的气氛就会舒适起来。

1. 照明方式

咖啡厅的照明方式采用局部照明，这是一种为了强调特定的目标而采用的照明方式，通常指某点或很小的面积。

2. 照度和亮度

咖啡厅的照明按照功能区域，照度拉开梯度，餐桌面和展示空间照度相对于交通空间和过渡空间要稍高一些。而咖啡厅内单独的室内环境则追求幽暗朦胧，静谧而充满神秘感，因此对灯光的运用要稍暗，做到"惜墨如金"，有时候仅用烛光就可以达到其照明要求，同时又体现了咖啡厅脱俗的情调。

此外，在考虑室内照度的同时，应该结合设计所采用的材料，如果材料的反射比低，为了使就餐环境达到令人满意的亮度，照度应相应有所提高，反之亦然。在照明设计中最好使顶棚、墙面、餐桌面的亮度有所区别，否则，就会使视觉效果感到单调。

3. 灯具选择与装饰布置

一般而言，咖啡厅经常使用的灯具包括台灯、吊灯、壁灯、筒灯、格栅荧光灯盘以及反光灯槽等几大类。但无论设计选择哪种灯具，都要使灯具的风格与室内陈设协调一致。

六、酒吧

酒吧的英语为"bar"，原意是"棒"和"横木"，表明其特征是以高柜台为中心的酒馆；中文根据其发音和经营内容称"酒吧"，是专供客人饮酒小憩的地方，通常设于大堂附近，装修、家具设施颇为讲究，是反映酒店水平的场所。

一般旅游酒店中都设有酒吧，由于其酒水、饮料的销售利润高于食品，因而成为餐饮部收入的重要组成部分。近年来，酒店为了吸引不同的消费群体并突出其服务特点，酒吧的类型变得多种多样，它原来单纯的饮酒功能被拓展延伸，开始与健身、娱乐、展示、文化、艺术相结合。

（一）空间构成

1. 吧台区

（1）常见的吧台样式

① 直线型吧台

直线型吧台的长度没有固定的尺寸，一般认为，一个服务员能有效控制的最长吧台是 304.8 cm（10 英尺）。

② 马蹄形吧台

马蹄形吧台，吧台凸入室内，一般安排三个或更多的操作点，两端抵住墙壁，在 U 形吧台中间可设置一个岛形储藏柜以存放用品和冰箱。

③ 环形吧台或中空的方形吧台

这种吧台的中间有一个"小岛"供陈列酒类和储存物品用，有利于充分展示酒类，也能为客人提供较大的空间。但该类吧台使服务难度增大，在空闲时若只有一个服

8 吧位于巴黎文华东方酒店底层 Sur Mesure by Thierry Marx 低调入口的旁边，空间中主要使用温和的棕色。卡座后深色的木墙上镶嵌着绿色或透明的水晶，在灯光的作用下，像在下一场淅沥的雨，凸显细腻的格调。空间中最吸引人的还是那个巨大的吧台——9 吨重的棕色大理石块。它在西班牙开采，在意大利雕琢，最后运至此处。古铜色的表面，在灯光的作用下，显得格外时尚大气。

巴黎文华东方酒店

香港丽思卡尔顿酒店

Ozone 酒吧位于酒店118楼，是全世界最高的酒吧，由日本公司 wonderwall 围绕"伊甸园实验"这个主题展开设计。设计上没有贯彻其优雅经典的品牌形象，反而走年轻时尚的风格路线。从空间组成构件、动线到每种材料的选择，都经过了仔细的处理和考量。如遍布整个角落的霓虹灯、犹如网状般的酒架、三尖八角的座椅设计与增加透视感的玻璃墙壁等豪华装饰，给顾客以视觉上的精彩享受。灯光的设计也让整个酒吧充满了神秘感，置身其中，让人感到阵阵眩晕。

芭提雅 dusitD2 baraquda

顾名思义，Deep Bar 所呈现的就是冰山下的深海面貌。蓝色马赛克墙砖、白色墙面、深蓝色的地面，加上天花嵌设了运用镭射切割的喷白色中密度纤维板，这些外形犹如冰山的天花装饰，使室内弥漫时尚神秘的气息，给人前所未有的视觉享受。酒吧内造设一张带有不同切割面的白色吧台，在 LED 和各式间接照明的映衬下，安坐于吧凳上浅尝美酒，的确让人身心释放。

务人员，则他必须照料四个区域，这样就会有一些服务区域不能被有效的控制。

（2）吧台结构

吧台分为前吧和后吧两部分，前吧多为高低式柜台，由顾客用的餐饮台和配酒用的操作台组成；后吧由酒柜、装饰柜、冷藏柜组成。前吧至后吧的距离，即服务员的工作走道，一般为 1 m 左右，且不可有其他设备向走道突出。顶部应装有吸塑板或橡胶板棚，以保护酒吧服务员安全。走道的地面应铺设塑料或木头条架，或铺设橡胶垫板，以减少服务员长时间站立而产生疲劳。酒吧中服务员走道应相应增宽，有的可达 3 m，较宽的走道便于在供应量较大时堆放各种酒类、饮料、原料等。

① 前吧设计

前吧高度为调酒师平均身高 ×0.618，吧台的宽度按标准为 41 ~ 46 cm，另外应向外延长一部分，即顾客坐在吧台前时放置手臂的地方，约 20 cm。吧台台面厚度通常为 4 ~ 5 cm，外沿常以厚实皮塑料包裹装饰。

前吧下方的操作台，高度一般为 76 cm，但也并非一成不变，应据调酒师身高而定。一般其高度应在调酒师手腕处，这样比较省力，其宽度约为 46 cm。操作台应以不锈钢制造，以便于清洗消毒。操作台通常包括三格洗涤槽（具有初洗、刷洗、消毒功能）或自动洗杯机、水池、贮冰槽、酒瓶架、杯架以及饮料或啤酒配出器等设备。

② 后吧设计

后吧通常高度为 1.75 m 以上，但顶部不可高于调酒师伸手可及处。下层一般为 110 cm 左右，或与前吧等高。后吧实际上起着贮藏、陈列的作用，后吧上层的橱柜通常陈列酒具、酒杯及各种酒瓶，一般多为配制混合饮料的各种烈酒，下层橱拒存放红葡萄酒以及其他酒吧用品，安装在下层的冷藏柜则作冷藏白葡萄酒、啤酒以及各种水果原料之用。通常情况下后吧台还应有制冰机。

（3）吧凳设计的三个注意事项：

① 吧凳面与吧台面应保持在 0.25 m 左右的落差，若吧台台面较高时，相应的吧凳面也应高一些；

② 吧凳与吧台下端落脚处应设有支撑脚部的支撑物，如钢管、不锈钢管或台阶凳；

③ 较高的吧凳宜选择带有靠背的形式。

（4）吧台位置设置

吧台是整个酒吧的核心，也是整个酒吧的标志，故其位置应较为显著，让客人一进入酒吧后便马上看到。一般来说，吧台常常设置在酒吧大门附近或正对大门处，以方便客人点要饮品和渲染酒吧气氛。此外，吧台位置的设置应考虑服务效率。吧台位置的合理设置可让酒吧服务更为有效和快捷。

上海半岛酒店

玲珑女士是二十世纪二十年代国际知名的社会名流，妩媚动人，独具韵味。在上海半岛酒店玲珑酒廊的夜色之中，伊人的绰约风姿似乎从未消逝。画工精湛的动物图案油画、垂坠的丝绸以及如瀑布般倾泻而下的枝形吊灯，这一切都营造出一种端庄典雅的气息。宾客们置身其中，聆听着优美的旋律，品尝着招牌鸡尾酒或玲珑酒廊玫瑰香槟，实在是令人沉醉。

Marquee 夜总会的 Boom Box 舞厅，装有独立的 DJ 和音响系统，可观赏到拉斯维加斯大道的美丽夜景。

拉斯维加斯赌城酒店

银河酒吧以其放松的优雅，富有气氛的照明，予人灵感的音乐及杰出的服务为业界注入了一种新风。

现代的风格、巴洛克式的风格及现代的极简主义和谐地统一于同一空间。角落的空间也成就了一种休闲与会晤。庄重的气氛里，不失浪漫与心仪的娱乐。

希腊尼克波利斯酒店

迪拜君悦酒店

迪拜君悦酒店酒吧由 HBA 设计，装饰风格不一，但却别具民族风情。酒吧整个空间虽然有着众多的地方文化元素及现场操作的美食厨房，但却洋溢着一种异域风情。休息大厅由下沉式、天鹅绒式、欧式及中式四个不同的空间组成，各区域之间以一系列的庭院相连，各房间之内都彰显着迪拜的传统。

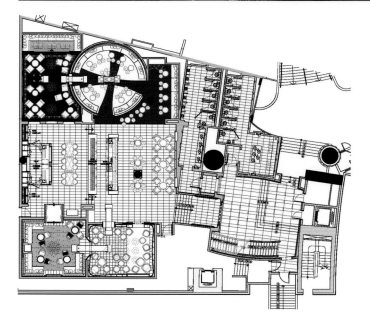

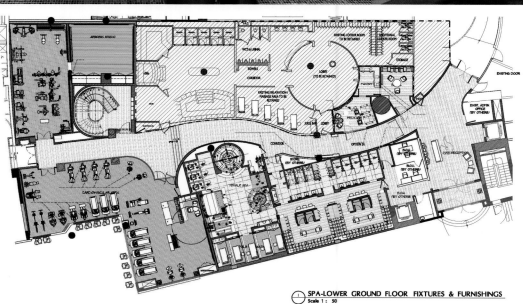

SPA-LOWER GROUND FLOOR FIXTURES & FURNISHINGS
Scale 1 : 50

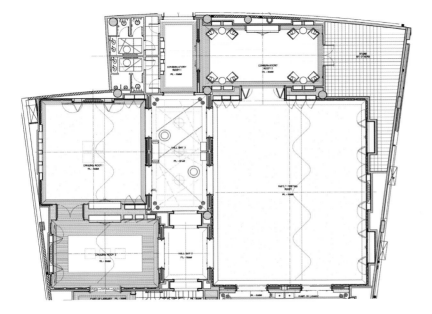
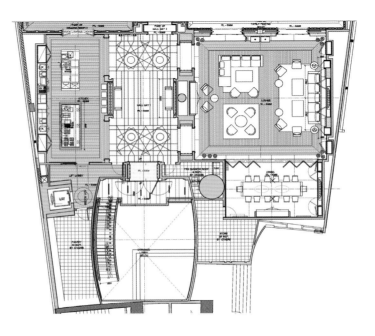

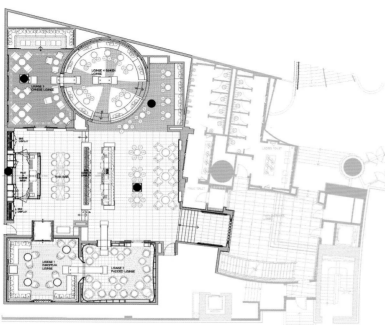

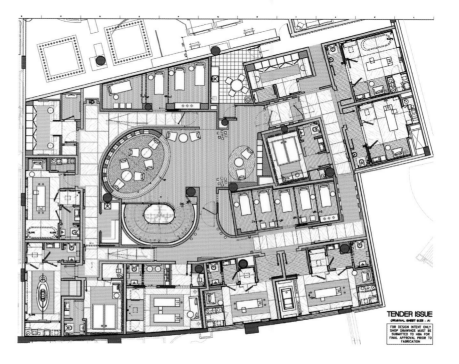

巴塞罗那W酒店

ECLIPSE 酒吧位于巴塞罗那 W 酒店内，高端的设计，将时尚魅力与激情提升至一个全新的高度，同时展现调酒与新鲜社交概念完美融合的全新境界。从舒缓放松的优雅到节奏轻快的摆动，无一不与色彩绚丽的灯光层叠交织。透过全景环绕式窗户，可将壮丽迷人的城市和海洋美景尽收眼底。在这里，时尚达人、娱乐迷、商旅人士与驻足贵宾区的潮流先锋和社会名流齐聚一堂，把酒言欢，而世界级 DJ 音响师还同时演绎悠扬悦耳的海滨别墅之声、时尚动感的电子乐以及更多适合不同场合与心情的动人乐曲。

2. 音控室

音控室是酒吧灯光音响的控制中心。音控室不仅为酒吧座位区或包厢的客人提供点歌服务，而且还要对酒吧进行音量调节和灯光控制，以满足客人听觉上的需要，通过灯光控制来营造酒吧气氛。音控室一般设在舞池区，也有根据酒吧空间条件设在吧台附近。

3. 舞池区

舞池区是一般酒吧不可缺少的空间，是客人活动的中心。根据酒吧功能的不同，舞池的面积也不相等，小型舞池50～60 m^2，大型舞池150 m^2 以上。通常舞池还附设有酒吧铁艺小舞台，供演奏或演唱人员专用。舞池还设衣物、物件寄放处。舞台的设置以客人能看到舞台上的节目表演为佳，避免前座客人遮住后座客人的视线，并与灯光、音响相协调。

4. 座位区

座位区是客人的休息消费区，也是客人交谈的主要场所。因酒吧的不同，座位区布置也各不相同，如有卡座式的，也有圆桌围坐式的。但不管是何种形式，座位区都是围绕其功能性而设立的，一般以台号来确定坐席。

5. 包厢

包厢也叫卡包，是为一些不愿被人打扰的团体或友人聚会提供的场所。包厢有大有小，一般要求内设舞池，有隔音墙、高级沙发、高级环绕音响、大屏幕电视机、电子点歌台等。

6. 洗手间

洗手间是酒吧不可缺少的设施，其设施档次的高低及卫生洁净程度反映了酒吧的档次。卫生间要求设施及通风状况要符合卫生防疫部门规定的标准。

7. 娱乐活动区

娱乐项目是酒吧吸引客源的主要要素之一，所以选择何种娱乐项目、规格多大、档次多高，都要符合经营目标。酒吧娱乐项目有保龄球、台球、飞镖、室内游泳、桑拿、按摩、卡拉OK、迪厅及棋牌、游戏室等。

萨沃伊饭店

Thames Foyer 餐厅可谓是伦敦萨沃伊酒店的中心，经过重新装饰，在可引入自然天光的绚烂玻璃圆顶下特别设计了一间以冬日庭园为主题的精致玻璃屋，华丽的设计加上精致的古典家具，充分展现了典雅高贵的空间氛围。

特勒菲尔遗迹高尔夫Spa度假村

Cavendish 酒廊的名称来源于由查尔斯特勒菲尔（Charles Telfair）从中国引进的香蕉品种，酒廊以"英国吸烟室"风格打造，加上钢琴伴奏，营造出放松的氛围，很容易便将人们带回往日时光。

西双版纳安纳塔拉酒店

西双版纳安纳塔拉酒店将七彩云南繁花似锦的景致引入室内，以艺术化的手法展现西南边陲少数民族特有的装饰风格。这里沉稳的硬木地板、家具，隔绝室外热度；而立柱上描金纹饰、镂空木板软榻则拥有几分"孔雀王朝"特有的浪漫情调。

暹罗酒店

以活泼黑色及白色为主色调设计的暹罗酒店Deco Bar & Bistro高挑的天花板，通透明亮的落地窗将人们带回泰国Art Deco时期。其两层空间内以复古镜面、埃舍尔式阶梯及铜管乐器装饰，浓浓的爵士复古情怀与窗外花园形成颇具东南亚风韵的景象。

亚
特
兰
蒂
斯
湾
酒
店

精心设计的门店布局，视野开阔，以黄色系为主色调，营造出舒适的氛围。灯光效果在吧台背景墙以及天花板上表现得最为突出。它顺着天花板的塔状造型而设计，表现出强烈的层次感，同时映射在那一组晶莹的玻璃装饰上，营造出梦幻般的水晶效果。

纽约W酒店客厅阳台酒吧持续着动能的流动。别致的休息大堂，高端的夜生活在全景式的室外空间中展开。

阳台酒台位于W酒店的五楼。功能性的空间以薄如纸片的窗帘、帷幕作为其不同寻常的特点。众多的直线型、程序式的LED灯嵌于建筑之内。生动的空间透过全高的窗户饱览着曼哈顿动感的风情。

家具设计应满足一天内不同时间的不同需要，应该既可以用来吃饭、喝酒、休闲、阅读，又可以从事其他的休闲活动。敞开式酒吧 Station Hollywood 配置舒适的沙发和休息区，墙上巨大的投影仪不时播放着体育节目或电影。

伦敦 ME 酒店

地处 Marconi House 的 Marconi Lounge Bar 酒吧以无线电发明人 Guglielmo Marconi 命名，为伦敦 ME 酒店的大厅增添了新的光彩。

钓鱼台俱乐部，集美食、会议、娱乐为一体，向客人展示成都最高端、最尊贵的聚会场所。俱乐部位于宽庭二层，无柱式6 m高的空间，给人感觉舒畅自由，没有压迫感。中式的建筑风格与具有法兰西浪漫风情的家具相融合，彰显低调奢华的空间魅力。

卓美亚 Etihad Towers 酒店（Jumeirah Emirates Towers）的 The Agency 葡萄酒廊延续了卓美亚阿联酋中心酒店内姊妹酒吧的设计风格，深色木料与深红色天鹅绒软饰相得益彰，复古气息与现代氛围交相辉映，为客人带来与众不同的品酒体验，是下榻卓美亚 Etihad Tower 酒店时不容错过的休闲胜地。

Macalister Mansion 酒 店
酒坊选用圆形皮革软座、颇具当
代艺术色彩的枝形吊灯以及冲击
力极强的马赛克图案等作为装饰，
是一处空间比例配置精细的威士
忌雪茄吧。

Macalister Mansion 酒店内的蒲甘风情酒吧由酒店业主于若干年前创立，这种原汁原味的蒲甘风情酒吧颇受宾客欢迎。酒吧地板选用分外惹眼的斜纹红黑地板，吧台镀铜，活力十足，吧台上方运用照明雕塑，设计感极强。酒吧也可以向宾客提供现场音乐会的舞台以及两个更为私密的会客空间。

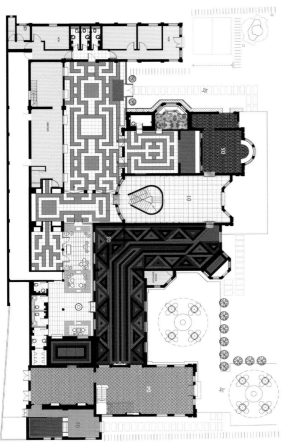

（二）灯光设计

1. 灯具

酒吧灯具主要有三种类型：顶面灯具、墙面灯具和不固定式灯具。

（1）顶面灯具

顶面灯具能够为顾客营造出或活跃轻盈，或神秘梦幻的效果，比如不同的吸顶灯具与平顶镜面相结合，并且不同色彩的灯光交互使用使整个酒吧内部充满空间跳跃感。顶面最为常见的灯具主要有吸顶灯、吊灯、镶嵌灯、扫描灯、凹隐灯、柔光灯及灯光天花板。

（2）墙面灯具

墙面灯具的光线相较于顶面灯具的光线要柔和，而且使用局部照明还能营造出一种宁静、温馨的气氛，运用特色的艺术表现方式能够打造出个性的艺术效果。墙面灯具主要有壁灯、窗灯、檐灯、穹灯等，这些灯具散光方式大都为间接或漫射照明。

（3）不固定式灯具

不固定式灯具，顾名思义就是没有固定的位置，可以根据需要调整其位置，这类灯具可谓整个酒吧空间中运用最为广泛的一种，舞台、休息区等均可使用，主要灯具有落地灯和台灯。

2. 照明应用

（1）灯光照明在酒吧内的应用

① 创造虚拟空间

内部灯光照明不仅能模糊空间的过渡变化，也能突出空间造型，还能通过改变光的投射，使空间界面形成强烈反差，减弱空间的限定度，创造虚拟空间。

② 渲染

不同方式的照射可以突出物体或装饰质感，比如壁纸、沙发、工艺品等，可以产生光晕和光影效果。暖色调的色光给人华贵、热烈、欢快的感觉；而冷色调的色光则给人凉爽、安宁、深远之感，所以酒吧设计多运用冷色光，充满神秘的气息，使人犹如置身于幽深深邃的夜空。通过光的运用还可以充分表达材料的质感和肌理。

③ 照明的装饰作用

照明装饰来自管线、形状、灯饰本身，通过技术手段可以形成各种光圈图案、光画、光栅，具有特殊的装饰效果。

伦敦W酒店

伦敦 W 酒店内的 WYLD 吧声名在外，是伦敦当地最潮的酒吧之一。场域内中央地区，以红色巨型投射灯闪发亮的多镜球体，从挑高天花板垂坠而降，气势非凡。吧台及其酒柜形成一个动人的弧形，呈收拢的状态。的红色与黑色撞击在一起，酝酿出一种冷艳的美感。

（2）酒吧外部灯光照明的应用

①门面照明

一般酒吧门面招牌的照明方式有两种，一种是招牌本身不发光，用投射灯投射，这种方式发光度高，便于远距离识别；另一种是用光作为底部发光，用高亮度的灯光映衬字体。

②霓虹灯照明

霓虹灯作为运用最广泛的照明设施，它的优势是可以根据电流变化，呈现出不同的色彩、闪烁、流动效果等，非常吸引眼球。霓虹灯在酒吧外多用来显示酒吧店面的整体外轮廓和组成各种图案、标志与字体。

③橱窗照明

橱窗照明主要突出陈列物，强调陈列物的效果。采用点光源，应选用白炽灯重点照射被陈列物，光线强调暖色，使陈列物的色彩质感更为鲜艳生动。

灯光照明在酒吧装饰装修中占有很重要的地位，酒吧达到设计的整体效果，灯光设计起着画龙点睛的作用。根据酒吧档次和风格，采用照明灯具与装饰艺术灯具相结合的整体照明方案，不仅要满足照明采光功能，更要满足装饰需求，酒吧灯光照明设计要注重多种组合照明方式的运用。

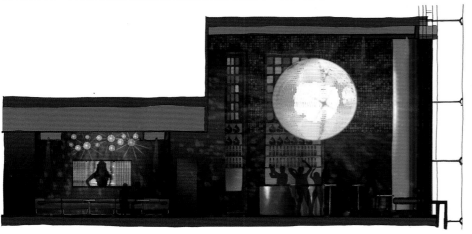

苏梅岛W酒店

空间设计虽然简约，却能达到以少胜多、以简胜繁的效果。室内装饰别出心裁，以独特的造型与完美的细节，营造出时尚、前卫的感觉。它强调功能、结构和形式的完整，更追求材料、技术、空间的表现深度与精确性。

伦敦W酒店

沙发椅和餐椅及餐桌的配合基本上是根据实际需求决定，但大多数情况下，以餐椅与沙发的比例为70：30为基本标准。伦敦W酒店的休闲吧设计让这里不仅仅是一个普通的休息之所，它拥有一个长达37 m的长沙发可以为顾客营造一个独立的社交空间。这里的一切，包括橡木地板和天花板上金色的叶子曲线造型都呼应了酒吧流畅的曲线。而咖啡桌的设计也相当别致，围绕一个透明柱体的壁炉形成一个三角形，现代中又透出一种英国的传统风味。人们可以在此待上一天，窗子上的框架结构可以通过位置的改变创造出不同的光线效果。

摩洛哥马拉喀什明珠酒店

空间在设计中加入了丰富厚重的珠宝色调和华丽的紫色天鹅绒，纯粹的法式巴洛克风格，既低调又优雅，营造了一种感性和亲密的氛围，彰显出酒店的格调。

"吊灯"处于核心地带。空间以一座高达三层的"吊灯"而得名。各楼层，特色明显，风格各异，给人三种不同的酒吧体验：高能量的酒吧，高、精、尖的鸡尾酒天堂，休息大堂。

"吊灯"以大型的水晶帘构制，给人一种层峦叠嶂般的意象。各水晶帘以线索穿棱而成，空间内部因此有了一种半透明皮肤的感觉。两百多万个水晶珠，大小、面体迥异。就北美地区而言，此处所用水晶珠可谓最多。除了中央吊灯，另外还有 10 个定制的小型吊灯运用于整个空间，给人一种流光溢彩，永不间断的感觉。借助于设计妙手，内外投影任由声、光、色三相往来，打造不同印象。

929 m² 的空间，尽显华丽乐章。玻璃旋转楼梯，连接于上下之间。每个楼层酒吧各具特色。但凡中心处，必有互动照明，彰显其标志性鸡尾酒。

底部空间，超越了传统的经典赌场手笔。HIGH 的气氛尽情弥漫于赌场楼层。打击乐的声响中，回响着生活的节奏。顺着楼梯一直向上，便进入了整个空间的核心地带，好一个更加亲密的空间即刻展现在面前。手工调制的鸡尾酒、家庭秘制的药酒，在电子音乐的声音中抚慰着灵魂，安慰着心。炫酷的气氛、尖端的体验，让人不由自主地发出"只问此处何处有？"的感叹。

"吊灯"的顶层活泼生动，俯瞰着下面灯光，香槟、鸡尾酒等佳酿，任由品尝。

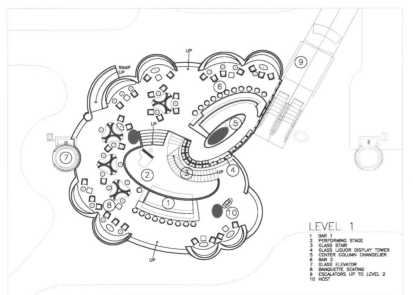

LEVEL 1

1 BAR 1
2 PERFORMING STAGE
3 GLASS STAIR
4 GLASS LIQUOR DISPLAY TOWER
5 CENTER COLUMN CHANDELIER
6 BAR 2
7 GLASS ELEVATOR
8 BANQUETTE SEATING
9 ESCALATORS UP TO LEVEL 2
10 HOST

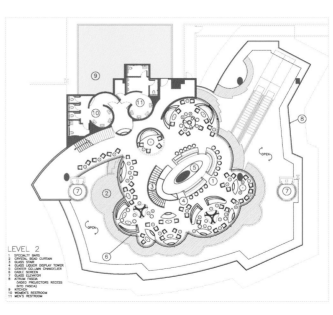

LEVEL 2

1 SPECIALTY BARS
2 CRYSTAL BEAD CURTAIN
3 GLASS STAIR
4 GLASS LIQUOR DISPLAY TOWER
5 CENTER COLUMN CHANDELIER
6 CABLE SCREEN
7 GLASS ELEVATOR
8 ATRIUM FASCIA
   (VIDEO PROJECTORS RECESS
   INTO FASCIA)
9 KITCHEN
10 WOMEN'S RESTROOM
11 MEN'S RESTROOM

萨蒂亚特岛瑞吉度假村（The St. Regis Saadiyat Island Resort，Abu Dhabi）的曼哈顿酒廊（The Manhattan Lounge）以阿拉伯风情设计为主，是度假村宾客消磨时光的好去处。这间酒廊有着纽约精英的时尚生活形态，却蕴含异域风情。在酒廊舒适的观景露台上，宾客可欣赏无垠的海景，而作为全球瑞吉度假村及酒店招牌鸡尾酒，血腥玛丽（Bloody Mary）在此则名为 Arabian Snapper。

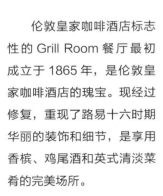

The Wellesley

"雪茄大堂"以其英国最大的定制雪茄盒为特色。所售雪茄多为限量出售，不可多得。真正地成了雪茄"媒粉"的天下。私人雪茄阳台，配备有取暖设备，众多极品，任由君选。

伦敦皇家咖啡酒店

伦敦皇家咖啡酒店标志性的 Grill Room 餐厅最初成立于 1865 年，是伦敦皇家咖啡酒店的瑰宝。现经过修复，重现了路易十六时期华丽的装饰和细节，是享用香槟、鸡尾酒和英式清淡菜肴的完美场所。

Parasol Down 酒吧装饰着形态各异的阳伞,阳伞用框架绷布做成,大多采用明艳的红黄色,边缘装饰些吊穗。金色的装饰花线把阳伞装饰得更加精美,像是皇家的华盖。顶面采用了三级吊顶,为椭圆形,带有浮雕感的装饰花线同阳伞上的装饰花线一致。顶部的色彩为白色,整个门厅通道都保持一致。墙面淡黄色,两侧同玻璃幕墙用深色的宽边门套装饰,玻璃幕墙两侧用帘幔装饰。

卓美亚萨拉姆古城酒店

卓美亚萨拉姆古城酒店的Bahri酒吧，Bahri意为"海景"；顾名思义，是欣赏河道、阿拉伯湾和卓美亚帆船酒店动人景致的完美之地。酒吧内部采用波斯地毯搭配黑木家具，凸显浪漫别致的阿拉伯装饰风格。在Bahri酒吧进入人潮涌动的活力夜晚前，您可一边静静欣赏日落美景，一边品尝美味小吃拼盘。一旦夜幕来临，爵士乐、触人心弦的律动音乐纷纷袭来，欢乐尽在此间。

参考资料：

《餐饮企业管理与运作》（第二版）
作者：周宇、钟华、颜醒华

《酒店管理设计　酒店餐饮空间设计规划》作者：叶子舜

《五星级酒店的自助餐厅设计》（一）（二）作者：全希希，李展海

《酒店规划与设计——餐饮区》颜静芳整编

《酒吧功能区设置》中华文本库

《星级酒店餐饮空间的设计》中国论文网

《酒店管理会所》MBA智库文档

《浅谈咖啡厅设计》作者：孙长勇、杨桂岭

百度文库

七、茶室

茶室的主要功能区包括品茶区、茶水区和茶点区。附属设施为小型仓库、管理人员及服务人员工作室（包括更衣、化妆）、卫生间等。

（一）品茶区

茶室根据不同国家的饮茶习惯，设计重点各有侧重。西方饮茶环境一般要求轻松、温暖、融洽；中方饮茶环境一般要求典雅、宁静、具有东方文化气息。

视茶室的大小不同，设计方案也各有侧重。中式茶室的特点如下：

1. 大型茶室：可由大厅和小室构成。茶艺馆在大厅中必须设置茶艺表演台，小室中不设表演台而采用桌上服务表演。视房屋的结构，可分设散座、厅座、卡座及房座（包厢），或选设其中一种或者两种，合理布局。

2. 小型茶室：可在一室中混设散座、卡座和茶艺表演台，注意适度、合理利用空间，讲究错落有致，各有其长。

配套设施：

茶水房：应分隔为内外两间，外间为供应间，墙上开一大窗，面对茶室，置放茶叶柜、消毒柜、冰箱等。里间安装煮水器（如小型锅炉、电热开水箱、电茶壶）、热水瓶柜、水槽、自来水龙头、净水器、贮水缸、洗涤工作台、晾具架及晾具盘。

茶点房：亦分隔成内外两间，外间为供应间，面向品茶室，放置干燥型及冷藏保鲜型两种食品柜和存放茶点盘、碗、筷、匙等餐具的用具柜。里间为特色茶点制作工场或热点制作处。如不供应此类茶点，可以简略，只需设水槽、自来水龙头、洗涤工作台、晾具架及晾具盘即可。

MULTI FUNCTIONAL CONFERENCE AREA DESIGN
多功能会议区

布鲁塞尔广场酒店

该空间是新巴洛克装饰风格的杰作，装饰灵感来自西班牙文艺复兴，这种装饰风格当时在美国各大影院非常流行。铁三角墙装饰的两扇假落地窗和扭曲的圆柱环绕舞台。玻璃和大理石不仅制造出一个充满异国情调的氛围，而且完美地隐藏了通风系统。

酒店的多功能会议区因多种用途而得名，是酒店中面积较大的空间之一，也是餐饮、公关部门的重要营业部分，是酒店高档次大规模的餐饮和礼仪场所，用以举办各种类型的活动，如正式宴会、鸡尾酒会、冷饮会等；也可承担国际会议、时装表演、商品展览、新闻发布会、音乐会、舞会等多种活动。此外，为保证宴会厅的使用频率，多数宴会厅与大餐厅的功能相结合，并利用灵活可开闭的折叠式屏风等隔断，以适应不同的要求，增加空间的灵活性与利用率，以满足不同功能需要，提高宾馆的效率。

多功能会议区的
空间面积指标

宴会厅和多功能厅的空间面积指标必须根据不同的活动内容来确定，具体可参照下表：

宴会厅 / 多功能厅规模（m²）	正餐宴会（m² / 人）	冷餐宴会（m² / 人）	会议 / 剧场（m² / 人）
小型	50	2.0 ~ 2.5	1.2 ~ 1.6
	100	1.8 ~ 2.0	1.2 ~ 1.5
中型	200	1.5 ~ 1.7	1.0 ~ 1.3
大型	500	1.2 ~ 1.5	0.9 ~ 1.2
	1 000	1.0 ~ 1.5	0.8 ~ 1.0

小型宴会厅的净高为 2.7 ~ 3.5 m，大型宴会厅和多功能厅的净高为 5 m 以上。

多功能会议区的
设计要素

一、家具

多功能会议区一般采用活动家具，便于根据不同的需要随时组合拼接。而椅子多使用可折叠的或可叠放的款式，收起来时可尽量减少对空间的占用，但奢华酒店更多考虑的是椅子的舒适度，所以用常规的稳定性座椅为主。另外宴会期一般不设固定舞台，需要时采用拼装式的活动舞台，舞池也用活动地板拼装而成。

二、灯光

　　多功能会议区综合了宴会、会议等功能，应注意整体照明、局部照明和重点照明的搭配。整体照明需要把握酒店室内的照明环境，包括亮度、光源种类、光色等；重点照明，多采用可灵活调节照射角度的灯具，实现不同场景的灯光变换效果。多功能厅中应配备智能调光系统，实现不同使用场景的切换。星级酒店多功能厅的灯光设计与装修风格和档次息息相关，在灯具选择上多以可调角度、大功率的灯具与光源为主。

马尼拉马卡蒂香格里拉酒店

传统的婚礼场地布置难免给人千篇一律的感觉，让人觉得毫无新意。但在传统中适当加入一些民族风情，如配合大草原游牧民族的混搭风，运用多种颜色组合，以暖色为主，冷色为辅，营造出让宾客第一眼就能感到欢乐的高饱和度色彩，不但使婚礼布置依旧不乏遵循传统的意味，又做出了与众不同的新创意。

设计师将喜马拉雅中心多功能剧场室内设计理念定为洞中之龙。龙在中华文明中具有重要意义。包裹剧场外立面的金属板模拟着龙表皮的肌理，这样的肌理同时也令人联想到中国著名的瓷器图案。如同盔甲般的外壳使得剧场如同沉睡于洞中的龙一般。金属立面反射出灯光及建筑本身的有机体量，使得剧场犹如一个雕塑艺术品。剧场外壳的金属材质和整个建筑的混凝土材质体现了该建筑的现代感。此外剧场立面的裂纹肌理对于前厅也起到声学上的作用。

剧场内部空间有机而独特，全部覆以木质材料，给人以温暖的感觉，同时木质材料也满足了剧场声学上的技术要求。前厅及大堂的极简设计保留了建筑本身的宏伟。地毯及剧场天花设计满足了建筑声学及光线的要求。

设计：法国 AS. 建筑工作室

建筑面积：10 120 ㎡

多功能会议区不同划分功能设计

一、宴会厅设计

宴会厅是奢华、优雅的高端社交场所，也是专业的会议设施，可满足重要的社交活动，如婚宴、庆典等，也具有举行各类会议、展览等功能。整体无柱的高大空间，一般可被分隔成几个小厅，有的小厅还能分成更小的厅。容纳能力有 200、500、1 000、2 500、5 000 人及以上不等。较典型的是 500 人。

（一）宴会厅的构成

大宴会厅由门厅、衣帽间、贵宾室、音像控制室、服务间、同声传译间、主席台、活动隔断、家具储藏室、公共化妆间、厨房等部分构成。

1. 门厅

门厅（前厅）是宴会前的活动场所。此处设衣帽间、电话、休息椅、卫生间等。前厅与宴会厅分隔，如采用灵活隔断，必要时可打开以组织大型酒会。门厅（前厅）面积一般为宴会厅的 $1/6 \sim 1/3$，或者按每人 $0.2 \sim 0.3\ m^2$ 计算。

2. 衣帽间

衣帽间设置于门厅入口处，便于随时为客人提供存储衣帽服务，其面积可按 $0.04\ m^2$/ 人计算。

3. 贵宾室

贵宾室设置于紧邻主席台的位置，并有专门通往主席台的通道。贵宾室应配置高级家具等设施和专用的洗手间。

4. 设备间和音响控制室

设备间和音响控制室主要保证会议、演出、宴会、同声传译等声像设备的需要。音响控制室

的视线位置要好，以便观察厅内活动情况，保证有效地控制音响设备。

5. 服务间

　　服务间为宾客提供茶水、相关用品等服务。

6. 主席台

　　宴会厅和多功能厅因各种活动的要求，通常都设有固定或活动组合式主席台（或舞台）。主席台应设置在大厅视觉位置较好的位置区域上。活动舞台有升降形式、收缩形式和组合形式等几种，组合形式因其操作简单、方便、灵活、可变等特点，通常采用较多。

7. 活动隔断

　　为了有效地利用空间和满足多功能的需要，通常采用活动隔断将大厅分隔为多个单独空间，以适应不同的使用需要。目前酒店通常采用具有良好隔声效果的悬吊式活动隔断，即隔断完全悬挂于顶部的吊轨上，地面设有轨道，这种隔断形式使用方便灵活、安全可靠，保证了地面的完整性。分隔后的多个空间在共同使用时应保证互不影响，隔声效果至少达到 STC30 dB，最高可达到 STC53 dB。活动隔断板具有良好的活动性，可根据使用要求在成型的 X、T、L 形交叉点上做灵活的 90° 转弯。电动式隔断板宽度在 600 ~ 1 200 mm 之间，隔断高度可达到 7 m，可分隔 20 m 长的空间。活动隔断需要设置暗门储藏空间，在不用时可将其沿着吊轨推入其中储藏。活动隔断上可开设连通门。

8. 家具储藏室

　　家具储藏室用于存放功能需求转换时的家具和设施设备等。应设置在较隐蔽处，但要方便设施设备的进出。储藏室的最小面积为宴会厅加会议室的净面积的 13%。

9. 公共洗手间

　　公共洗手间应设在较隐蔽的位置上，并满足容纳所有人员的需要，有明显的图形符号标志。

10. 厨房

　　宴会厅应设相应的厨房，其面积约为宴会厅面积的 30%。厨房与宴会厅应紧密联系，但两者之间的间距不宜过长，最长不要超过 40 m。宴会厅可设置配餐廊代替备餐间，以免送餐路线过长。

（二）宴会厅的动线设计

（1）宴会厅的主要用途是宴会、会议、婚礼和展示等，其使用特点是在短时间内会产生大量并集中的人流，因此宴会厅最好拥有自己单独通往饭店外的出入口，该出入口与饭店住宿客人的出入口分离，并相隔适当的距离，入口区需方便停车，并尽量靠近停车场，避免和酒店的大堂交叉，以免影响大堂日常工作。

（2）宴会厅客人动线与服务动线明确区分，避免交叉。宴会厅和厨房、储藏之间的服务动线的布置也直接影响到服务效率，故必须与客人动线完全分离。客人在使用宴会厅时，视线不能直接看到后勤部分，所以通常在通往服务区的门处作错位处理或在走道处作转折。

（3）客人的出入口不宜靠近舞台，而应设在大厅的侧边或后面，这样不至于因客人的出入影响舞台（主席台）的活动。大厅的出入口应设双道门，净宽不小于 1.4 m，向疏散方向开启，且需根据消防规范设置多道疏散门。出入口应无台阶，如果有台阶，应距离大门 1.4 m 以上，大门应采用向疏散方向开启的平开手推门。

巴萨罗那萨尔瓦多宫酒店

顾名思义，Gran Via Hall 坐落在巴塞罗那最著名的一条大道的前端，它是奢华酒店的完美体现。其装饰价值与凡尔赛宫的装饰价值相当，奢华的面料、镀金工艺和地毯设计的灵感来自于十九世纪。

占地 550 m² 的全新无柱式喜宴堂以附近著名的花墟为主题，巨大的花型水晶吊灯成为瞩目焦点。蓝紫色搭配为婚宴增添浪漫气息，而高光木饰面板墙身配铜金属边饰则为整个奢华空间带来温馨感觉。墙壁饰有紫色和金色的奢华织物，并以玛瑙和蓝色云石作点缀，注入自然质感。石材的棕色色调及云石的美丽纹理彰显花式地毯的优雅大气。房内装配全新的 LED 设备，因此室内照明可随意调整，打造出不同的情调氛围，而阶梯式的天花板设计则有助于拓宽空间感，并同时区分出三个区域，这些区域均能以落地屏风作分隔。

富丽堂皇的无柱帝国宴会厅具有多变的情景灯光和色彩照明，其剧院式的布局可容纳 3 500 人。舞厅还设置了 7 个内置投影屏幕、生活给水设施、无线上网和 SIS 系统（同声翻译服务）。

（三）宴会厅的音像设备设计

（1）大厅（招待厅）是为举办招待会、宴会、舞会以及茶话会设立的场所，因此扩声系统非常重要，一般方法是在吊顶内安装全频工程会议扬声器以达到扩声的目的，而在举办舞会及表演活动时为增加音响效果多采用安装四个由全频音箱组成的扬声器完成该功能。（系统设备组成：调音台、均衡器、全频音箱、超低音音箱、功放、反馈音箱、卡座、分频器、反馈抑制、功效器、压线器、麦克风等。以上的设备组成按实际使用数量选配。）

（2）贵宾接待厅是担负着接待贵宾的场所，因此在设计及产品选配时还需要考虑整体安装效果的全频工程音箱组，使厅内发言者语气表达真实准确；该系统还应配有可录音的卡座以保证重要会议的录音功能。（系统设备组成：调音台、扩展器、反馈抑制器、均衡器、全频音箱、卡座。以上的组成按实际数量选配。）

（3）会议厅是开会的场所，系统主要以扩声为主，因此在顶内加装全频工程系列扬声器，并做到可以达到其他一些基本功能的简单应用（如背景音乐的播放）。（系统设备组成：调音台、反馈抑制器、全频音箱。以上的组成按实际数量选配。）

（四）宴会厅的垂直交通设计

（1）为了满足大量人流的集中使用，专用客梯是非常必要的。

（2）客梯的位置与数量根据功能需要与消防要求确定，应靠近交通枢纽空间（门厅），与使用人流数量相适应。

（3）电梯附近最好能设置辅助楼梯备用。

马来西亚王子酒店

多伦多费尔蒙皇家约克酒店

（五）宴会方式

（1）正餐宴会

宴请有一定的规格，是政府、外交、公司乃至婚礼等举行的正规宴会。采用坐餐式，事先排定座位，定时举行。其内容可以是中餐、西餐或是日本餐等。中餐宴会一般为10人圆桌，主桌大、地位突出。西餐宴会一般为长桌式布置，规模大时可采用U形、口形布置，主座在长轴中央。日本式宴会布置以口形居多，也有主座在端部、其他座位长向数排对列。

（2）鸡尾酒会

鸡尾酒会是人与人之间自由交际、餐饮的宴请方式，气氛轻松，客人可先后出入，时间约束较小。宴请以引用调配的混合酒为主，并有小吃和三明治等。需设置放酒、饮料和食品的台子，无需排座位，可自选食品、边谈边吃。

（3）冷餐酒会

一般也在正餐时间进行，其既有鸡尾酒会轻松、自我服务的特点，也有如正餐宴会般丰富菜肴可供选择。中央展台常有鲜花、冰雕或牛油雕。西餐菜肴、点心、水果则列于长桌。

（六）其他

（1）宴会厅的前厅（客人签到等地方）应该设置壁挂式电视的弱电接口及强电插座；如果是大型宴会厅，应设置移动式隔板分隔，这就要求宴会厅墙上的插座应在各个分隔区内均匀分布。

（2）宴会厅有可能会要求设置临时舞台作表演，建议提供两路100A电源作为舞台临时电源。

二、多功能厅设计

功能：会议室、报告厅、展览厅、展览廊道、表演厅、多功能厅；

使用者：酒店客人、功能区使用者、会议参加者（主要）、服务人员（次要）

功能区：宴会厅、会议室、董事会会议室

（一）会议室设计

会议室是放置会议电视终端设备的场所，同时又是开会的场所。会议室设计是否合理将直接影响会议电视图像和声音的质量，从而影响到会议的效果。完善的视频会议室规划设计除了可以给参加会议的人员提供舒适的开会环境外，还可以逼真地反映现场的人物、景象和发言者的声音，使与会者有一种临场感，以实现良好的视听觉效果。

1. 会议室的类型

会议室的类型按会议的性质进行分类，一般分为公用会议室与专用性会议室。

公用会议室适用于对外开放的包括行政工作会议、商务会议等。这类会议室内的设备比较完备，主要包括会议电视终端设备（含编解码器、受控型的主摄像机、配套的监视器）、话筒、扬声器、图文摄像机、辅助摄像机（景物摄像等），若会场较大，可配备投影电视机（以背投为佳）。

专用性会议室主要供学术研讨会、远程教学、医疗会诊等会议使用，因此除上述公用会议室的设备外，可根据需要增加供教学、学术用的设备，如电子白板、录像机、传真机、打印机等。

MEZZOON 宴会厅布置精美，将中东华丽纹饰与高科技设备相结合，充满了令人震撼的视觉效果。而世界顶级水晶则将这一宏伟的宴会厅装点得处处散发着优雅与庄严的气息。巧妙的分区设计又使其可以举办从 200 人晚宴到 1 400 人酒会等各种规模的活动，满足客人的要求。

该宴会场所设计擦去任何先规划的既定形态和模式化类型学的理念，使用经典的设计手法全新演绎空间美感，充满了浪漫主义情结。灯光的设计也是其中的一大亮点。而椅子则是专门设计的，具有重量轻、现代化、多功能等特点，颜色根据空间的特色进行定制。

2. 电视会议室总体设计要求

（1）会议室内布置要求大方而简朴，能逼真地反映现场人物和景物，使与会者有临场感、一体感，以达到视觉与语言信息交流的良好效果。

（2）由会议室中传送的图像包括人物、景物、图表、文字等，要求清晰可辨。

（3）会议室内温度、湿度适宜，空气流通，使与会者感到舒适、自然。

（4）要求有消防设备和紧急安全通道。

3. 电视会议室的大小与环境

（1）会议室大小

会议室的大小与电视会议设备、参加人员数目有关。

①空间大小：扣除第一排座位到前面监视器的距离（该距离是提供摄像必要的取景距离），按每人 2 ~ 2.5 m² 占用空间来考虑。

②高度：天花板的高度应大于 3 m，一般在 4 m 左右。

（2）会议室的环境

①会议室要求设置在远离外界嘈杂、喧哗的位置。

因会议室外有各式各样的噪声源，如施工工地、工厂、学校、公路、管道等，或者隔壁是另外一个会议室或办公室，为保证有良好的会议环境，必须进行严格的会议室隔声处理。

②建筑物隔声的薄弱环节及要求采取的措施有：

钢架轻体墙结构——钢架与轻体墙之间往往有缝（尤其是屋顶），容易透声；屋顶和四周墙壁面结合处一定要严格密封（不是光线密封，而是声音密封，要求密封处有厚度，厚度与体墙一致，密封严实）；

轻体墙结构、简单轻钢龙骨墙——屋顶及墙体太薄，隔声量不是很大；屋顶和四周墙壁要求再做一层隔声结构层，要求使用喷涂式泡沫隔声材料或美国进口喷涂式环保植物型隔声棉，采用此种方法，不易有遗留的孔洞，比较严实，施工也方便、快捷；

普通玻璃窗隔声量也不是很大——要求使用加厚窗户和中空玻璃；

普通门隔声量也不是很大——要求使用加厚门或专门隔声门；

管道穿墙处是薄弱环节——管道穿墙处往往留有孔洞，不仔细处理，则留下噪音隐患，使其他隔声措施前功尽弃，而一旦装修完毕，属于隐蔽工程，极不好发现及处理；

要求使用喷涂式泡沫隔声材料或美国进口喷涂式环保植物型隔声棉，不遗留孔洞，遮挡严实；

风机管道产生噪音——市内噪音往往是由空调系统风机管道产生的，为此，要求对空调系统工程安装提出噪音限制要求，要求对产生噪音的风机管道进行专业降噪处理。

③从安全角度考虑，要求开辟宽敞的入口与出口及紧急疏散通道，并要求配置配套的防火、防烟报警装置及消防器材。

④电视会议室内摆有电视设备，这些设备对温度、湿度都有较高的要求，合适的温度、湿度是保证电视会议系统可靠稳定运行的基本条件。为了达到合适的温度、湿度，会议室内可以安装空调系统，以达到加热、加湿、制冷、去湿、换气的功能。

会议室要求空气新鲜，每人每时换气量不小于 18 m³。

会议室的环境噪声级要求 40 dB（A），以形成良好的开会环境。若室内噪声大，如空调机的噪声过大，就会大大影响音频系统的性能，其他会场就难听清该会场的发言，更严重的是，当多点会议采用"语音控制模式"时，MCU 将会产生持续切换到该会场的现象。

注意：南方地区应着重注意防潮，因触摸屏、工控机主板、内存槽等宜受潮失效。北方地区应着重注意防静电，可通过保护地线的正确连接消除人体静电、电器静电和金属物品静电的影响，避免静电对单板的损坏。

4. 会议室的布局

布局原则：要求保证摄像效果以达到再现清晰图像的目的。

布局要求：

（1）控制室与会议室设备间的连线长度不能大于20 m，若无条件可以不设控制室，但要在会议室设备旁边安排操作员座位。

（2）主席台的座位距离会议室前端应不小于3.5 m，会议桌的间距以舒适为主。

（3）电视机的放置位置：电视机应放在相对于与会者中心的位置，最好将电视机置于会议室最前面正对人的地方，距离地面高度大约1 m；人与电视机的距离大约为四至六倍屏幕高度；各与会者到电视机的水平视角不大于60°。

（4）电视屏幕的大小根据会议电视的数据速率、参加会议人数、会议室的大小等因素决定。

①小型会议室：采用42英寸的液晶电视机或者投影仪；

②大型会议室：采用52英寸以上的液晶电视机或者投影仪。

（5）摄像机的位置：摄像机放置在液晶电视机正上方。

（6）扬声器的位置：扬声器的位置可放置在会议室的四角，距离墙壁至少1 m。

（7）麦克风的位置：麦克风放在主席台上。

（8）麦克风和扬声器间的距离至少在3 m以上，并且要尽量避免麦克风的接收方向朝向扬声器的辐射方向。

（9）背景

会场四周的景物和颜色以及桌椅的色调影响着摄像画面的质量，因此，设计禁止使用白色、黑色之类的色调，因为这两种颜色对人物摄像将产生"反光"与"夺光"的不良效应。为了防止颜色对人物摄像产生的"夺光"与"反光"效应，天幕（背景墙）要求采用均匀的浅颜色，如蓝色或灰色，以使摄像机镜头光圈设置合适。而房间的其他三面墙壁、地板、天花板均禁用黑或鲜艳色彩的饱和色，要求采用浅蓝色、浅绿色、浅灰色等等。各墙面要求采用亚光材质的装饰材料，如墙纸、布料或板材等，不能采用复杂的装饰图案，以免摄像机移动或变焦时图像产生模糊现象，不能悬挂各类装饰画、玻璃制品，防止物品反光影响摄像机正确感光。摄像背景（被摄人物背后的墙）不能挂有山水等景物，否则将增加摄像对象的信息量，不利于图像质量的提高。可在室内摆放花卉盆景等清雅物品，增加会议室整体高雅、活泼、融洽的气氛。总之，会场布置要求庄重、朴素、大方。

（10）会议桌

①剧院式

在会议厅内面向讲台摆放一排排座椅，中间留有较宽的过道。剧院式桌形摆设的特点是：在留有过道的情况下，最大限度地摆放座椅，最大限度地将空间利用起来，在有限的空间里可以最大限度地容纳人数；但参会者没有地方摆放资料，亦没有桌子可供记笔记。

该形式适用于大型会议和短时的、无需书写和记录的会议类型；有些会议带分组讨论或按角色分组，在之前的全体会议适用剧院式，因为椅子方便移动；每排最好不超过7人，第一排距讲台至少1 800 mm，中央过道1 050 mm以上，每个座位平均面积为560 mm×560 mm，座位前后空300～450 mm，前后排中距990～1 020 mm，椅子后背距墙100 mm。

②课堂式

会议室将桌椅安排端正摆放，按教室式布置会议室，每个座位的空间将根据桌子的大小而有所不同。此种桌型摆设可针对会议室面积和观众人数在安排布置上有一定的灵活性；参会者可以有放置资料及记笔记的桌椅，还可最大限度地容纳人数。

课堂式桌形摆设一般在大中型会议室使用；桌子有宽460 cm、760 cm（有大量文字工作时），主席台用宽760 cm的；长1 200 cm、1 500 cm、1 800 cm，每排最好不超过6～7人，第一排桌边距讲台要至少1 050 cm，中央过道1 050 cm以上，每位占桌宽至少600 mm，最好750 mm，每座位平均560 mm×560 mm，座位前后空至少300 mm，前后排桌内距750 mm，后排桌边距墙810 mm；主席台桌宽600 mm，每位宽至少600 mm；常用460 mm×1 820 mm的桌子坐3人。

③U形

适用于40人以下的小型会议，方便面对面的交流、笔记，领导坐在短边，投影机放在开口中央；桌子有460 mm宽（用于单侧坐人）、760 mm宽（用于两侧坐人或大量文字工作的单侧）；有的在外侧增设座位；桌边距墙至少1 350 mm，最好1 500 mm，其他与董事会式相同。

④中空式

适用于40人以内的小型会议（主要是25人以内），方便面对面的交流、笔记，不要或不突出主席台；桌子有宽460 mm（用于单侧坐人）。

⑤鸡尾酒会桌形摆设

以酒会式摆桌，只摆放供应酒水、饮料及餐点的桌子，不摆设椅子，以自由交流为主的一种会议摆桌形式。自由的活动空间可以让参会者自由交流，营造轻松、自由的氛围。该类型会议桌布局适用于各类酒会以及各类派对。

卓美亚美希拉海滩水疗酒店

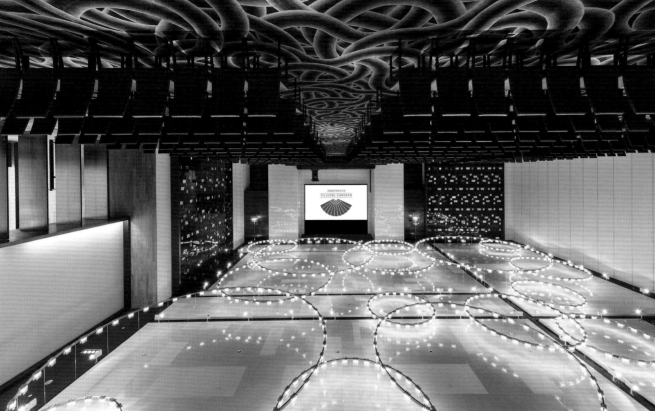

广州文华东方酒店

宴会厅的设计时尚，雅致，椭圆形米白色的天花上镶嵌着 LED 灯，散射灯光可指接北向的布局营造各调温馨幻彩光晕的色，优雅而奢华。

澳门文华东方酒店

澳门文华东方酒店的大宴会厅位于酒店大堂楼层，首要考虑接待功能及放大宴会厅的雍容美丽及尊贵，水晶吊灯十分华丽，加上专业的图像及影像安排与完善的服务，令住们对多种活动的举办有着最完美的感受。

⑥圆桌式桌形摆设

桌子使用中式圆桌，围绕圆桌摆放座椅，常用于宴会的摆台。桌与桌之间留有过道。用于宴会摆台时除了主桌以外，其他圆桌没有摆台方向的区分，若为分组讨论则采用背对舞台方向不放置座椅。

（11）椅子

椅子避免使用白色椅套。要求采用舒适的椅子以及加厚椅垫，避免与会人员经常调整坐姿而在镜头内造成不必要的动作。同时椅子上不要装小脚轮，限制移动，以防止离开镜头。

会议桌的颜色和亮度很重要，为了减少脸部的阴影，要求采用浅色桌，使光线能通过桌子反射到人的脸上，或在桌上铺上浅色桌布。另外，在麦克风与桌子之间加一层软性材料，如橡胶底等，以免造成敲击桌子时产生太大的响动。

（12）为了保证声绝缘，地板上要求铺地毯，天花板要求装消音板，四周墙壁要求装隔音毯，窗子要求安装双层玻璃，桌子铺上桌布。会议室进行了隔音处理后，房间中混响系数通常要求在 0.35 ~ 0.55 之间。

（13）其他设备：根据会议的需要，灵活的布置会议需要的其他设备，如电子白板、录像机、传真机、打印机等。

（14）图像显示方式：会议室画面的显示可分为单屏和双屏两种显示方式，不同的显示方式其终端设备略有差别。

加拿大温哥华紫檀乔治亚酒店

加拿大温哥华紫檀乔治亚酒店宴会厅充满历史气息，室内设计以象牙白为特色，采用现代材料忠于原始设计的精致细节，重塑建筑檐口和装饰雕花线脚，与精美的水晶吊灯一起营造出优雅且温馨的空间氛围。

5. 会议室的灯光系统

会议室灯光照明系统是会议室的基本必备条件。好的灯光系统能使会议电视的逼真度和清晰度大大提高。

（1）采用荧光灯间接地以45度角照射，避免阴影以保证色彩和光线的效果；

（2）不要混用荧光灯和白炽灯；

（3）避免使用自然光；

（4）光源的类型：主光源、柔光灯、背景灯、壁灯。

①主光源：最重要的光源；

去除阴影；

一般只需使参会人员看起来舒服即可；

无需过亮。

②柔光灯：直射或非直射；

亮度可调。

③背景灯：背景灯使画面中的人像与真实人像更接近。

④壁灯：壁灯使背景（墙面）变亮，使会议室更接近"演播室"

光源组合：主光源 + 柔光源 + 背景灯 = 视频会议灯光系统

（5）灯区安排

会场灯区：在距离会议室最前端2.5m处开始安装（监视区内不必安装）。纵向每隔1m装一排，横向每隔1m装一排，每个点上装两个灯。

主席台灯区：主席台前安装一排射灯，在距离会议室最前端2m处开始安装。横向每隔1m装一个，只装一排。该装置为可选项，可根据会议室实际情况自行选择。

（6）灯光照度要求

灯光光源：一般采用人工光源的冷光源，诸如三基色灯。

澳门星际酒店的宴会厅无柱式的设计极具空间感，设计布置多盏璀璨水晶灯，展现出空间的瑰丽与气派。气派非凡的舞台，配合专业演唱会舞台灯光影音设备和7个巨型投射银幕，营造出多元化的明星级舞台效果。

澳门星际酒店

风尚厅挑高6 m，面积超过1 039 m²，可容纳66张中式圆桌，是台北最大的无立柱宴会厅。宴会厅天花板以对称方格拼接，上面悬挂红色迷人Tublor时尚吊灯，让人陶醉在绚丽的光环之中。三面引人注目的紫色墙壁更可将宴会厅分为几个富有创意的区域。

香港丽思卡尔顿酒店

耀钻宴会厅以闪烁的"钻石"为主题，是香港最大的宴会厅之一。以连贯华丽的水晶灯饰精心布置，部分墙身更有切割效果，闪烁明亮，与其"钻石"主题相差无二。在香槟色的基调下，深色大理石墙身及奶白色的布艺，为宴会厅增添了舒适感及时尚感。宴会厅大门采用稀有的美国梧桐木材及切割水晶装点而成，尽显富丽堂皇。

北京华尔道夫酒店

北京华尔道夫酒店宴会厅的天花板和墙壁采用温暖的中性色，优雅且传统。方形图案的地毯和独特的方形式样天然水晶吊灯相得益彰。

摄影区的照度：诸如人的脸部应为 500 lx（为了防止脸部光线的不均匀，三基色灯应当旋转适当的位置，这在会议电视安装调试时确定）。

监视器及投影机周围的照度为 50 ～ 80 lx，否则将影响观看效果。

文件图表照度：不大于 700 lx，否则文件、图表的字迹不清晰。

注意：

① 在会议电视的灯光照度方面应避免自然光和热光源。因此，会议电视室的所有窗户都要使用深色窗帘遮挡。

② 为了减小照明灯的镇流器噪声对会议音响的不良影响，会议室所有照明灯的镇流器应集中安装于会议室外面。

6. 会议室的音响效果

（1）根据声学技术要求，一定容积的会议室有一定混响时间的要求。一般说来，混响的时间过短，则声音枯燥发干；混响的时间过长，声音混浊不清。因此，不同的会议室都有其最佳的混响时间，如混响时间合适则能美化发言人的声音，掩盖噪声，增加会议的效果。具体混响时间的计算公式如下：$T = KV / S[-2.31g(1-a)] + 4mV$

其中：K——房间形状的数。一般取 0.161；

V——房间容积（m^3）；

S——房间内吸声总表面面积（m^2）；

a——室内平均吸声系数；

m——空气衰减系数；

T——混响时间；　混响时间是声学装修中要控制的首要指标，会议室内的高度大约在 4 m 的情况下，根据上式可以得出如下的参考数据：

① 容积小于 200 m^3 时的最佳混响时间为 0.3 ～ 0.5 s。

② 容积在 200 ～ 500 m^3 范围内时的最佳混响时间为 0.5 ～ 0.6 s。

③ 容积在 500 ～ 2 000 m^3 范围内时的最佳混响时间为 0.6 ～ 0.8 s。

（2）为保证会议进行时有一个安静的会议环境，减少噪音对于会议的影响，要求会议室环境噪声要求小于 40 dB，并有良好的吸音和隔音设备，控制会议环境的回声。

（3）选用专业会议扩音设备，包括音频功率放大器和音箱。

（4）扩声系统的功率放大器要求采用数个小容量功率放大器集中设置在同一机房的方式，用合理的布线和切换系统，保证会议室在损坏一台功放时，不造成会场声音中断。

（5）声音信号输入功率放大器之前，要求采用均衡器和反馈抑制器进行处理，以提高声音信号的质量。

（6）使用尽可能少的麦克风，因为麦克风越多，引入的背景噪音会越强，要求选用具备屏蔽手机信号干扰功能的麦克风。

（7）在进行麦克风和音箱的布置时，要求使麦克风置于各音箱的辐射角之外，音箱要求分散布置，放置在会议室的四角，离墙壁 0.5 m 左右。

（8）调音台与会议电视终端设备必须共地。

费斯特宴会厅令人印象深刻，其文艺复兴时期独特而伟大的细节营造出气势恢宏的背景氛围。宴会厅采用世纪之交深受法国影响的精细灰泥工程和精致饰边，拱形壁画烘托出洛可可式拱顶和圆形木制品的宏伟气质。宴会厅可轻松容纳 250 位宾客，是举办高层董事会议和晚宴的完美场所。

（二）宴会厅和多功能厅

　　某五星级酒店集团的宴会厅和多功能厅选材指标如下：

（1）地板：

　　垫子（850 g/m²），不易燃；

　　大型地毯（80/20，最小重量1850 g/m²，可拉伸，不易燃）；

　　底部天然石料或木材。

（2）墙面和天花板：

　　按照声学顾问建议处理声音；

　　按室内建筑师建议进行抛光。

（3）可移动式隔断墙：

　　完全与天花板隔绝；

　　为检修口提供隐藏式存放空间；

　　面板用塑料碾压或其他耐磨装饰材料抛光。

（4）家具和装饰：

　　所有构造永久防火，且防刻划；

　　设有装套座椅、可折叠靠背椅和手扶椅的宴会椅子；

　　具有多种功能和布局的会议桌；

　　带有机动轨道的装饰性窗帘和遮光窗帘；所有结构永久防火。

（5）器材：

　　每个房间有机动投影屏幕，隐藏在天花板中；

　　用于悬挂投影板和活动挂图、白板、文件等嵌入墙壁的轨道系统；

　　组合式椅子系统／投影轨道；

　　在入口附近安装控制灯光、温度、视听器材、机动屏幕和窗帘等的总房间控制面板。

（三）董事会会议室

　　高档、固定设置的董事会式小型会议室；

　　固定墙体、固定的衣帽柜、茶点服务台柜及设备、会议专用桌椅和设备等；

　　典型的为容纳12人以上，50～60 m²；或90 m²内设休息区或前厅。

　　某五星级酒店集团的董事会会议室选材指标如下：

（1）地板：

　　垫子（850 g/m²），不易燃；

　　大型地毯（80/20，最小重量1850 g/m²，可拉伸，不易燃）；

　　底部天然石料或木材。

（2）墙面和天花板：

　　按照声学顾问建议处理声音；

　　同时符合国际及当地认可的防火规定。

（3）家具和装饰：

　　按照室内设计师的建议；

　　装有可调整高度和倾斜度的人体工学椅或装套座椅；

　　行政会议桌带有凹陷的嵌入式电源接口和数据连线；

　　带有嵌入式白色书写板、活动挂图和插线板的壁橱；

　　壁装挂杆；

　　嵌入式衣柜；

　　带有耐热顶（比如咖啡机等），电源接口和内线电话，冰箱等电器带有机动轨道的装饰性窗帘和遮光窗帘；所有结构永久防火。

（4）设备：

　　隐藏在天花板中的机动投影屏幕，可视房间大小而定，安装固定的大型液晶显示器或离子电视；

　　用于悬挂投影板和活动挂图、白板、文件等嵌入墙壁的轨道系统；

　　组合式椅子系统／投影轨道；

　　在入口附近安装控制灯光、温度、视听器材、机动屏幕和窗帘等的总房间控制面板。

（四）室外会议活动空间

　　会议区中一些室外空间也被用来举行会议相关活动，如屋顶平台、泳池池畔甚至草坪等。

巴黎班克酒店

红色，是一种最抢眼的、极具刺激性的颜色，它给人以燃烧感和挑逗感。过多地使用红色，容易使人产生焦虑和压抑的情绪，容易产生疲劳之感。但是，在大面积的红色中分散点缀些黑色，相互中和，融为一体，便会产生独特的戏剧性效果和无与伦比的风尚感。

俄罗斯圣彼得斯堡欧洲大酒店

U形桌形摆设，椅子摆在桌子外围，有时开口处会摆放可放置投影仪的桌子，中间通常会放置绿色植物以作装饰。简单的会议桌椅搭配璀璨的吊灯、地毯以及绿景盆栽，既不过分浮华，亦不至于单调沉闷。

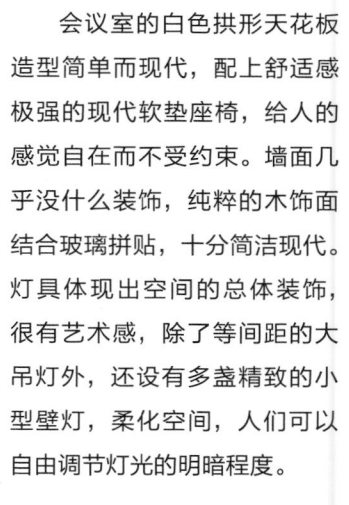

会议室的白色拱形天花板造型简单而现代，配上舒适感极强的现代软垫座椅，给人的感觉自在而不受约束。墙面几乎没什么装饰，纯粹的木饰面结合玻璃拼贴，十分简洁现代。灯具体现出空间的总体装饰，很有艺术感，除了等间距的大吊灯外，还设有多盏精致的小型壁灯，柔化空间，人们可以自由调节灯光的明暗程度。

上海卓美亚喜马拉雅酒店沐浴

上海卓美亚喜马拉雅酒店沐浴设施充分表现出美轮美奂的中国传统风格以及现代的韵味气息,以"行云流水"为主题,行云给休闲的水池,绵绵相围绕着多个不规则隔断并相连,各区水面的以遍布如意的星光洒落的天花顶棚相呼应,也透过高挑的周围天花,令排相应交的活动隔帘遮盖。

广州文华东方酒店

会议室周围的景物和颜色以及桌椅的颜色会影响画面质量，一般忌用白色、黑色，因为这两种颜色对人物摄像会产生反光及夺光的不良效应。所以墙壁四周、桌椅均应采用浅色色调，如墙壁四周米黄色、浅绿，桌椅浅咖啡色。此外，在室内摆放书籍、陶器、花卉盆栽等清雅之物，有利于增加会议整体高雅、活泼的气氛，对促进会议效果很有帮助。

参考资料：

《酒店设计与策划》

《酒店规划与设计》

《酒店会议功能空间——从服务方式看规划设计（节选）》 酒店设计者言博客

《酒店管理餐饮 会议室环境准备要求及会议室装修工程》 作者：叶子舜

百度文库

SPORTS AND
RECREATION SPACE
DESIGN

康体娱乐空间设计

康体娱乐是满足人们健康和娱乐的各项活动，是酒店配套的服务内容和酒店档次与等级的体现。我国标准规定三星级以上的酒店必须配备有康体娱乐项目和相应的服务。

康体娱乐项目主要以改善人们生理状态为主的，如健身中心、健身浴、游泳等健身项目和以调节人们精神状态为主的，如电影院、歌舞厅、卡拉 OK、棋牌、剧场、电子游戏、书吧等娱乐项目。

康体娱乐项目是酒店的配套项目和可选设置项目，是根据酒店的市场定位和经营特色、经济效益、社会效益等来选择设置的项目，并根据自身的特点进行合理规划和设计。不符合酒店定位和需求的项目不宜设置，避免造成不必要的浪费。

康体娱乐项目区域通常设置在酒店低层的裙楼或地下层等位置上。与客房区域要保持一定的距离，避免对客房层造成干扰和影响。与酒店大堂等安静的区域也要采取较好的空间转换和过渡等措施，避免对其产生直接影响。相近类型的康体娱乐区域尽量靠近设置或合理衔接，如健身房、健身浴、球类、室外游泳池等。

游泳池设计

游泳池的投资规模和占地面积较大，从经济效益角度考虑，经济型酒店通常不设游泳池。城市酒店因其建筑覆盖率高，所以大都设置室内游泳池，而旅游度假型酒店可利用其环境优势设置室外游泳池。

酒店游泳池按使用性质分为标准游泳池和休闲游泳池两类。标准游泳池为矩形平面，可用于训练和对社会游泳者开放，水深较浅，其他设施与比赛游泳池基本相同。极具创意的休闲游泳池完全摒弃了标准游泳池那种呆板的轮廓和基调，在设计中以自然主义风格为主，明亮清新、富于变化，往往有水滑梯、喷泉、瀑布、人工洞穴甚至沙滩造景，满足了顾客亲近自然的愿望。

设计在墙壁上和天花板上装饰了一系列形状各异的窗户，让光线照射到室内泳池的平台和水面上。海蓝色的水池，流畅性的线条设计，与室内引入的阳光和自然风光产生互动，相得益彰，形成十分浪漫唯美的景象。

一、空间尺度及形状

（一）游泳池池水面积

　　酒店游泳池属于健身娱乐性质的游泳池，其空间尺度不同于专业竞技型游泳池，其面积大小和形式可根据酒店的实际情况和需要而确定。泳池池水面积按照品牌要求如下：

　　四星级酒店 ≥ 100 m²，矩形泳池短边 ≥ 6 m；

　　五星级大酒店 ≥ 140 m²，矩形泳池短边 ≥ 8 m；

　　豪华度假酒店（室内 + 室外）≥ 300 m²，矩形泳池短边 ≥ 8 m。

（二）泳池深度

　　酒店游泳池的深度没有明确的规定，但不宜太深。通常深水区为 1.5 ～ 1.8 m，浅水区小于 1 m。浅水区的面积约占游泳池总面积的 70%。儿童戏水池的深度通常为 0.15 ～ 0.5 m。

（三）泳池周边空间

　　游泳池周边应留有适当的活动和休息空间。机房空间的设置要根据水循环系统的设施设备需要来确定。

（四）泳池形状

　　室内泳池应尽量采用规则带泳道分隔的长方形。不规则形状游泳池应尽量避免狭窄的水道及尖角。

二、区域构成

（一）接待区

接待区包括宾客接待、泳具租售、物品寄存等。

（二）更衣淋浴区

更衣淋浴区包括男女更衣、淋浴、干身、化妆、通道和通过式消毒池、卫生间等功能区块。该区域要求空间私密和干湿分离，更衣、衣物储存、化妆为干区，淋浴、卫生间、通道消毒池为湿区。依据接待能力来设置男女更衣间、储衣柜、化妆台等设施设备的空间大小和数量，化妆台应设有化妆镜、电吹风等化妆用品。

（三）游泳区

游泳区包括游泳池、附属池（冲浪、按摩、儿童戏水池等）、休息区、服务区、卫生间等功能区块。游泳区内的儿童戏水池要与成人游泳池保持一定的距离，并应与成人游泳池的浅水区相邻，泳区内要配置适当的休息区域和水吧服务台，为宾客提供泳间休息等服务。游泳池区天棚与维护结构的形式与室内效果密切相关，应统一考虑空调送风形式、灯具位置、设备管道走向。

室内游泳池在顶部的造型、用材上超越了传统的工艺，更为漂亮、时尚。柔性天花以其柔美又不失气度的特色，给予人们无限的想象空间。它通过与各种灯光系统结合，光影变幻，营造出温馨、和谐的环镜，使人完全置身于轻松、舒缓的环境之中，给人们与众不同的视觉体验和优雅的心灵享受。同时更可轻易完成大面积造型，给予设计师一个充分、广阔的构思空间。

（四）设备区

设备区应满足净高要求，预留合理的安装检修空间。

1. 循环水泵及均衡水池间

（1）均衡水池或平衡水池应靠近游泳池，其中，平衡水池的有效容积可按如下公式计算：

$$V_p = V_f + 0.08q_c$$

式中　V_p——平衡水池的有效容积（m^3）；

　　　V_f——单个最大过滤器反冲洗所需水量（m^3）；

　　　q_c——游泳池的循环水量（m^3/h）。

均衡水池的有效容积应按下列公式计算：$V_j = V_n + V_f + V_c + V_s$

$$V_s = A_s \cdot h_s$$

式中　V_j——均衡水池的有效容积（m^3）；

V_n——游泳者入池后所排出的水量（m^3），每位游泳者按 $0.056\ m^3$ 计算；

V_f——单个最大过滤器反冲洗所需的水量（m^3）；

V_c——充满循环系统管道和设备所需的水容量（m^3）；

V_s——池水循环系统运行时间所需的水量（m^3）；

A_s——游泳池的水表面面积（m^2）；

h_s——游泳池溢水回水时溢流水层厚度（m），可取 $0.005 \sim 0.01\ m$。

均衡水池或平衡水池的构造应符合下列规定：

①平衡水池的最高水面与游泳池的水表面应保持一致；

②平衡水池内底面应低于游泳池回水管以下 $700\ mm$；

③游泳池采用城市给水补水时，补水管应接入该池；当补水管口与该池内最高水面的间隙小于 2.5 倍补水管径时，补水管上应装设倒流防止器；

④平衡水池应设检修入孔、水泵吸水坑和有防虫网的溢水管、泄水管；

⑤平衡水池有效尺寸应满足施工安装和检修等要求；

⑥平衡水池应采用表面光滑、耐腐蚀、不污染水质、不变形和不透水的材料建造。当采用钢筋混凝土材质时，其内壁应涂刷或衬贴不污染水质的防腐涂料和材料。

（2）循环水泵机组应贴近平衡水池或均衡水池，如无平衡水池或均衡水池时，宜靠近游泳池回水口。

（3）水泵机组的布置应符合国家现行的《建筑给水排水设计规范》GB 50015 的规定。

（4）水泵机组装置应设计成自灌式，且基础表面应高于设备机房地面不小于 0.20 m。

（5）设在楼层上的水泵应有良好的隔振设施，且水泵运行噪音应符合国家现行的标准和规范要求。

（6）循环水泵间的高度不应小于 3.0 m。

2. 过滤器间

（1）过滤器间宜邻近循环水泵间。

（2）石英砂压力式过滤器的布置应符合下列要求：距建筑墙面的净间距不小于 0.70 m；过滤器之间的净间距不小于 0.80 m；过滤器间的高度应满足设备安装、检修和操作要求，并符合下列规定：距建筑结构最低点的净间距不小于 0.80 m；运输、操作的主要通道宽度不应小于最大设备的直径的 1.2 倍。

（3）硅藻土过滤机组的布置应符合下列要求：硅藻土过滤机由过滤器和循环水泵组成，该机组应靠近平衡水池或均衡水池；机组布置应符合上述（2）的规定。

在这座带有高耸的拱形天花板的法式古典风格的地标性建筑中，Rochon 先生以一个 15 m x6 m 的泳池固定了整个空间，并设置有一个 94 m² 植被林立的私人露天露台。

（4）重力式过滤器的布置除应符合上述（2）规定外，还应有因突然停电而防止游泳池水造成过滤器溢水的安全事故的可靠措施；

（5）石英砂压力式过滤器和硅藻土过滤机组均应安装在高出设备机房地面0.10 m的混凝土基础上。

3. 加药间及药品库

（1）加药设备间与化学药品储存库，宜为各自独立的又毗邻的独立房间，并靠近循环水泵间；

（2）加药装置的净间距不宜小于0.80 m，操作通道的宽度不宜小于1.00 m。

（3）絮凝剂、pH值调整剂及除藻剂等化学药品所需储存库房的面积，应根据当地化学药品的供应和运输情况确定，一般宜按不少于15天的储存量计算所需库房面积；

（4）加药设备间和药品库的设计应符合下列要求：应有良好的通风，如为机械通风时，宜为独立的系统，且排风口远离其他排风口不少于10.0 m；应根据化学药品性质，采取防热或防冻措施，并有给水和排水条件；墙面、地面和门窗应均为耐腐蚀材料；房间高度不宜小于3.0 m。

（5）化学药品的存放应符合下列要求：不同品种的化学药品应分开存放，相互间留有不小于1.0 m的通道，并遵守化学药品的产品说明；不同品种的化学药品应放入不同容器内并有清晰明显的药品名称和标志；不同品种化学药品应

放置在平台上或垫板上、柜架内，不得堆放在地面上；不同化学药品的容器和用具不得相互混用；液体化学药品不得倒置存放；次氯酸钙、三氯异氰尿互间留有不小于 1.0 m 的通道，并遵守化学药品的产品说明；不同品种的化学药品应放入不同容器内并有清晰明显的药品名称和标志；不同品种化学药品应放置在平台上或垫板上，或柜架内，不得堆放在地面上；不同化学药品的容器和用具不得相互混用；液体化学药品不得倒置存放；次氯酸钙、三氯异氰尿酸与调节池水 pH 值用酸碱应隔离存放。

（6）不同加药设备均应放置在高出设备机房地面不小于 0.10 m 表面贴有防腐材料的混凝土基础上，相互间的净间距不宜小于 1.0 m。

4. 消毒设备间

（1）消毒设备间宜为单独的房间，并应设置独立的通风通道，保持房间清洁、干燥。房间地面、墙面、门窗及设备等均应为耐腐蚀材料。

（2）采用成品氯制品消毒剂时，应符合下列要求：

①采用氯片、次氯酸钙为消毒剂时，设备机房应根据投加方式确定：采用计量泵投加时，宜集中设置；采用次氯酸钙溶液的容器应与酸类容器隔离开存放，其库房面积宜按5天的贮存量计算确定；

②采用瓶装氯气消毒剂时，应符合下列要求：加氯间与氯气瓶应分开设置，并相毗连；应设在地面层，且不得与其他房间合用，并设观察窗和向外开放的门；

③房间内通风换气次数应不少于12次/h；设机械排风扇时，其位置应位于窗口以下部位；

④氯气瓶间温度为16～18℃，不得用火炉取暖，并设置发生泄氯事故时紧急处理设施；

⑤房间内应设氯气检测器，自动关闭切断氯气瓶，固定氯气瓶不得倒地放置，防火、防爆和报警装置，须符合国家现行的有关规范的规定；

⑥房间的照明和排风扇的开关应设在室外墙壁上，且为密封防水型开关；

⑦房间外部应备有防毒面具，抢救设施和工具箱。

（3）采用臭氧作为消毒剂时，应符合下列要求：

①臭氧发生器及配套设备、臭氧与水混合器、臭氧与水接触反应罐宜合设在同一个隔间内，且靠近通风良好的地方，并设置独立的排风设施；

②设备布置应符合下列要求：设备距建筑墙不小于0.70m；设备相互之间的净间距不小于0.80m；设备顶端距建筑结构最低点净间距不小于0.80m；设备基础应高出房间地面不小于0.10m；主要设备操作面操作距离不小于0.10m，如操作面面向维修更换设备运输通道，还应满足最大设备运输要求；

③房间环境应满足下列要求：温度为5～35℃，湿度不大于75%；房间空气应保持清洁、干燥、无有害物质；房间内应设置空气臭氧监测器，监测环境臭氧含量。

5. 加热器间

（1）加热器间应远离氯气瓶存放间，但方便与池水循环管道的连接和集中管理。

（2）热源为燃油或燃气的水加热器间应为独立的房间，其设备布置、安全设施等应符合消防和安全等有关规范。

（3）房间通风、排水宜与循环水泵间、过滤器间合并设计。

（4）热源为高压蒸汽或高温热水时，水加热器的布置应遵守国家现行的《建筑给水排水设计规范》GB 50015 的规定。

6. 控制间

（1）控制间不得设置在下列场所：有灰尘和有腐蚀气体的场所；有直接振动的场所；有强磁场、强电场和有辐射的场所。

（2）控制机房设计应满足下列要求：位置应设在整个池水净化设备机房内视野较好处；房间温度宜为 16 ~ 30 ℃，湿度宜为 40% ~ 75%；电源波动范围应不超过 ±15%；房间应有良好的照明，并有事故照明措施。

（3）电气控制设备，自动监测设备间地面应高出池水净化设备机房地面不小于 0.15 m。

三、建筑结构与环境

（一）机械/管道

1. 泳池可加温。如果使用燃气加热设备，必须采取适当的措施提供足够的通风／排风能力，以避免以燃烧产物导致的意外事故。

2. 建筑物内的泳池设备间必须有足够的通风能力。应为泳池加热设备提供助燃空气。泳池加热设备的通风口应至少伸出开启窗 3 m。泳池设备间可设于离客房较远的外墙附近。泳池设备间应提供立式洗眼器。

3. 水疗室／按摩池营业时水温必须在 37.2 ～ 39.4℃ 之间。任何时候水温都不得超过 40℃。

4. 所有室内游泳池区域必须提供空调系统和除湿装置，以保持 20.7℃ 的干球温度和 50%（非营业时间）至 60%（营业时间）的相对湿度。

5. 过滤和抽水设备必须能够在 6 小时内循环处理完泳池内所有的水。允许使用传统的过滤沙缸或压力式硅藻土过滤器。设备中应包括量器、观察镜和排气阀。设备及其安装必须符合当地卫生健康规定。

6. 水疗室过滤系统每天必须运行 2 ～ 3 小时，完整过滤一次时间不得超过 30 分钟。

7. 所有泳池必须配备可持续投药的消毒设备。设备应足以保持消毒剂余量不少于 1 单位／百万单位。

8. 为泳池和水疗室的所有主要泄水口和吸水口提供防漩涡盖。

9. 泳池和水疗室的设备上应安装管道堵塞自动检测接触或关闭水泵装置。

10. 游泳池池水循环可以采用逆流式、混流式或顺流式。酒店室内游泳池应避免采用直流式系统，但对于天然温泉游泳池、儿童游泳池等可以采用直流系统。

11. 消毒池的有效深度不小于 0.15 m。

12. 除热带地区外，酒店室内游泳池应在周边铺设地暖。

（二）电气

1. 采用水下 12 V 低压安全照明灯，照明灯间距不大于 3 m。

2. 游泳池环境整体照度不应小于 300 lx，天花照明灯的安装位置要求便于检修。

3. 游泳池必须配备至少两处应急照明灯。

4. 应在游泳池内安装两个、按摩池内安装一个低压池底灯，带防水壁盒。这些灯具在昏暗时可自动打开。

5. 应配备一台最大时限为 20 分钟的计时器，以控制水疗室 / 按摩池的射流泵 / 鼓风机。

6. 应在水疗室 / 按摩池附近设置一个应急设备切断开关 / 按钮，以便在发生紧急情况时切断所有射流泵 / 鼓风机和循环泵。

7. 游泳区的灯具必须使用键式开关或断路器控制，以便随时保持开启。

四、游泳池的材料设置要求

（1）地面：室内使用无釉瓷砖，最小摩擦系数为0.6；室外铺设混凝土防滑表面地砖、石材或防腐木；泳池机房加表面封闭剂的混凝土。

（2）踢脚线：在铺设瓷砖地面的室内泳池内铺设瓷砖踢脚线；泳池机房没有要求。

（3）墙面：采用室内设计师和建筑师所选择的不透水材料。室内泳池和邻近区域之间的隔音系数至少要达到51 dB；泳池机房：涂料饰面的防潮石膏板。

（4）天花：防锈外露栅格防潮吸声板吊顶，防潮石膏墙板或抹灰墙面。取决于建筑类型可用明露结构；要求有防潮饰面；泳池机房：明露结构或涂料饰面的防潮石膏板。

（5）门：泳池门要采用耐腐蚀金属框玻璃门，规范要求做防火隔离时，设置带有常开启装置的实心木门，饰面与邻近区域匹配。

（6）照明类型：根据法规要求在泳池安装水下灯电压12 V。功率：100 W（≤ 300 吨 / 池），150 W（300 ~ 500 吨 / 池），300 W（≥ 500 吨 / 池）。区域照明安装荧光灯或金属卤素灯，照明灯不能位于泳池周围1 200 mm的范围内。在泳池岸边安装照明灯具须符合国家与地方法规规定的最低照明等级要求。

（7）电力要求：根据法规和设备的要求，要求有接地故障保护系统。

（8）泳池压顶：泳池压顶必须是预制混凝土压顶，潮湿时的最小防滑系数为0.6。

（9）池岸地漏：池岸地漏必须从泳池边向外以最低1%坡度排水。必须要设置持续池岸排水沟。

（10）自然光：用天窗和周边橱窗为室内泳池提供最大限度的日光照明。

致力于艺术生活的索菲特连泳池拥有别样的优雅。室内泳池采用全景式设计，让人视野顿时开阔，落地窗外，远处白云山的美妙景致正好尽收眼底。更重要的是，泳池特设了水底音乐播放系统，让客人即使潜入水底，耳畔也有音乐相随。

（11）空调：室内游泳池必须有除湿控制系统（排风和二次回风、加热系统），以防止在墙面和玻璃结露。根据游泳池区域配置恒温设备，以保证在所有季节和营业时保持≥28℃的环境温度。

（12）泳池回排水：游泳池必须要各设置两个带防漩涡、防异物、防堵塞顶盖的主要回、排水装置，间距不小于900 mm。回、排水盖面积须比回、排水管直径大5倍。

（13）所有室外的泳池必须有≥1100 mm高的围栏（或根据法规要求），并且要求围栏开口空间能通过的最大物体直径≤100 mm。泳池的围栏要有自关和自锁的门。所有室内和室外的泳池必须有锁门保险和其他装置，以防非授权人士在非使用时间进入泳池及区域。

五、游泳池安全与卫生要求

　　游泳池的安全和卫生需要符合国家有关规定，必须保证水质卫生和宾客健康，必须配置必要的水循环处理系统，包括水循环过滤、消毒、加温、补给供水等设施设备，并集中安装在机房内。游泳池内的深水区和浅水区应设置醒目的提示标志和水下灯光等安全措施，泳池内还应配备安全管理人员和其他安全设施，以保证宾客的安全。

　　（1）在每个泳池旁清晰可见的位置，安装一部单线紧急电话。这些电话将作为 24 小时紧急热线，接入 24 小时客户服务中心或其他 24 小时服务系统中。

　　（2）当泳池长时间关闭且无安全保障时，则必须加盖池盖。泳池盖至少为 12 级聚乙烯网，并必须能固定。

　　（3）不允许安装跳水板、跳水台、蹦板和滑板。

　　（4）水下灯从清晨至黄昏都必须能够使人看清泳池底部。

　　（5）进入泳池区域后，必须设立由专业设计、安装饰面的永久性标示牌，其上必须写明泳池使用说明、开放时间以及国际符号标记"禁止跳水"的标志；且位置必须设立在能从水边和池岸及进入泳池区能够看到的醒目地方。

　　（6）泳池上和边缘都必须清晰的标示泳池的深度米数，或者在墙上标示水池深度。

　　（7）至少要提供两个救生圈，每个救生圈连接在一条超过一半泳池宽度的绳索上，在突出位置设一个安全钩。所有水池都要求有永久的深度标记，能够显示浅水区的水深，斜坡变化处的所有点位，深水区和每增加 300 mm 深度的标记。字母最小为 100 mm 高，用与压顶或泳池瓷砖对比的颜色显示。在邻近每个深度标记处要有"禁止跳水"的标志。标志的位置必须设在从水边和池岸边能够看到的地方。在深度超过 1 500 mm 时要求在该深度处设有悬浮绳。

（8）在所有单排水的泳池里，要求安装带防漩涡、防异物、防堵塞排水盖。

（9）泳池化学剂必须储存于通风良好且上锁的区域内，以防止非授权人士进入。

（10）按当地法规要求设置救生员站。

　　悬臂式泳池跳脱酒店泳池以往几何图形和仿自然的套路，独树一帜，增添了酒店的吸引力。泳池悬空在一定高度的建筑体当中，拥有全透明的玻璃墙壁和池底，晶莹光滑，使游泳者低头便可看到酒店大堂内的景象，是一个极具刺激感的特色设计。

Spa设计

一、Spa设计要求

（一）清洁卫生

水廊（湿区）要使用防水、防潮的瓷砖或石料。空气循环量要超过一般标准值，空调系统要能降低湿区空气湿度和保证干区湿度。

淋浴间、洗手间、水疗室、桑拿室、泳池平台、厨房、工作间要有地漏；家具、墙面涂料、窗户等要承受经常性的深度清洁，所有区域要有足够照明确保夜间清洁工作。

（二）噪音要求

Spa护理室属于绝对安静区域，避免与以下区域邻近：接待台、咨询室、外部淋浴间、洗手间、办公室、员工区域、健身房、厨房、工作间、电梯、设备室；评估每个区域使用中产生的噪音，根据情况采用有隔音功能墙壁、天花板、地板等。所有门要用隔音封条、静音器，空调和空气循环系统有静音功能，护理室洗手池要远离与隔壁护理室共用的墙体。

泳池的创意设计以现代未来感为设计理念，体现了时尚的生活方式。纯粹的空间以醒目的黄色进行点缀，且运用独特的造型和简洁的线条，成就了兼具现代简约和未来时尚的设计新范例。

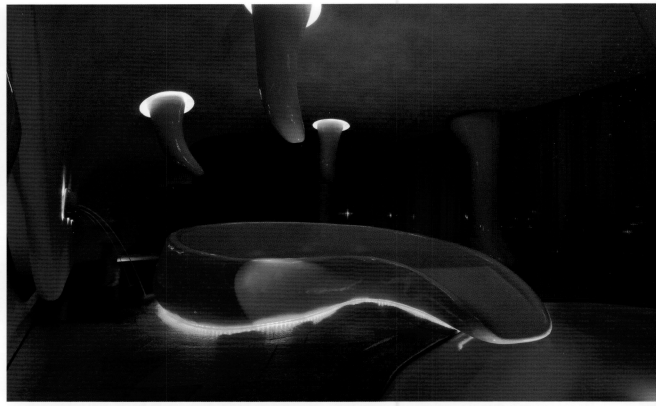

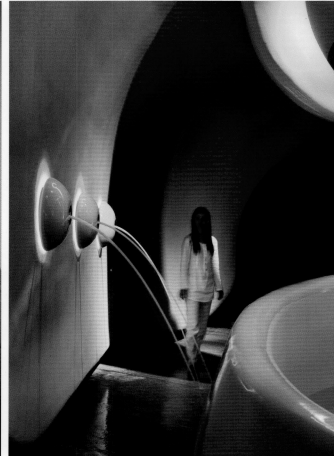

Breeze Spa 大堂的明亮设计有别于一般泰式水疗中心的昏暗气氛，非常醒神。特殊的设计运用大量的蓝白色马赛克拼贴美丽的花卉图案，搭配简约而富有设计感的家具，如蛋形吊椅，赋予空间无限的活力及艺术气息。

（三）私密性要求

Spa 客人按摩和护理过程中无衣服遮挡，要严格保证各功能区域的私密性；休息区男宾女宾休息室要分开，而且避免从此区域看到更衣室、梳妆区、水廊；按摩室窗户要小，Spa 公共区域尽量与外部景观结合，充分利用外部景观和自然光线。

（四）环境要求

Spa 设施及按摩室应该有可独立调节的灯光、湿度、通风、音乐，灯光效果营造良好的 Spa 氛围至关重要，灯光设计注意功能性、舒适性和节能，要有助于突出 Spa 的主题概念，尽量使用柔和的间接光线。

（五）室内装修

豪华、高雅、舒适，能感到充分的放松。Spa 风格要简洁，有序不繁杂，给客人提供非凡的 Spa 体验经历，充分利用景观等进行设计，要有特色定位，符合建筑理论对空间的布局要求。

Cool Spa 浴场坐落在有丛林景观设计，且被热带雨林及安达曼海日落全景所包围的地方。浴场和周围的自然景观融为一体，将其分为六个独具特色且独立有瀑布的理疗室。室内有双人理疗床和水流按摩浴缸、木质瑜伽板、动态水池、水蒸房以及两个只有水上森林水疗浴场理念的户外亭子。

浴场以天蓝色为主调，营造出一种舒适放松的氛围。与此同时，还与斯攀瓦的全景形成了鲜明的对比。整个温泉浴场是按照传统的中葡住宅模式设计的，并且使用了茅草屋顶，故在整体的建筑外观上展现出了亚洲热带雨林的风貌。隐蔽着的多个瀑布创造出了一个以视觉和听觉为主的水中花园，帮助人们净化心灵，放松身体，恢复活力。

二、各功能空间设计与布局

（一）Spa的入口

Spa 的入口是客人 Spa 成功体验的开始，给客人愉悦、受欢迎的感觉，并体现出 Spa 主题风格要求。各种建筑元素和功能要求，可使用绘画、雕塑、植物、喷泉等元素装饰。Spa 应设有两个入口，一个与酒店相通，另一个与停车场相通，两个路径需有明显标志和方向指示。要确定其中一个入口为正门，Spa 接待台应在正门处，以便接待员可以控制所有进入 Spa 的人员，如有旁门也应在接待台视线范围内。若入口远离停车场，要为通道设计遮风挡雨功能。此区域是美容中心、零售商店等的入口，在设计人流路径时应合理引导人流方向，避免冲突、交叉及前台服务人员穿越此区域。

（二）接待区域

前厅接待区域是迎送客人、安排预定、控制 Spa 内部活动的中枢，注意路径的合理性并提供对不同区域的清晰指向。尽量采用自然光和充足的暖色光线，使之与自然景观融为一体。在人流路径以外安排等待区域，接待区域的建筑材料、用具、物品均采用静音材料。一般规模 Spa 的接待区域面积在 55 m^2 左右，小型 Spa 的接待区域面积为 30 m^2 左右，顶高 3 m，在大门设计中通过灯光、图案、材质、装饰等传达 Spa 主题风格和形象。

接待台应是接待区突出的重点，接待台的位置要能看到所有入口区域，方便随时走出台子，台子宜立式构造，外高 1.3 m，内侧高 1 m，一般 2 ~ 4 个工作区可安排 2 ~ 4 员工；约每个工作区对应 8 间护理室，所有设备（收银机、计时器、电话、音响控制、灯光控制等）要隐藏在台子后面，电脑应内嵌在台子里，台子上方有工作灯，台子内侧有上锁的收银抽屉、储物柜、垃圾桶。此区域地板或地毯要有弹性，减轻站立疲劳；参照星级标准适当设置保险柜，供客人存放贵重物品。咨询室要有单独的房间或区域用于一对一服务咨询，咨询室邻近接待台面积约 8 m^2，配置桌子、椅子、电脑、打印机、陈列架，室内设有台灯、壁灯、顶灯等。

从空间轮廓到家具选择，再到饰品，设计皆选择了纯粹的白色色调来描述空间表情。简洁风格的空间里，独特的造型、柔美的流线、纯洁如雪的色调，惊艳众人。只需添上一抹新绿，一种一气呵成的灵动便萦绕满室，起到画龙点睛之效。

新加坡香格里拉的 CHI Spa 以带有中国禅味的南洋风格规划，善用材质的规律变化营造休闲感受。木质的天地间，疏密有致、粗细错落的木格栅，铺陈于空间立面之上，灯光照射在禅意的艺术端景上，不刺眼的间接照明，因艺品的光影而添了诗意。由双人空间到单人包厢，甚至是 Spa 休息区，皆以舒适为出发点机能配置。适宜的高度和良好的私密性，皆是设计师的贴心设计。

悦榕 Spa 由悦榕集团内部负责全球设计的 Architrave 部门担纲设计，融合了亚洲传统而独特的地域特色，以"生命之树 (Tree of Life)"作为设计主题，突显自然、绿色与环保。悦榕 Spa，为客人提供一个能够让现代都市人放松身心的优雅浪漫空间，同时也彰显了其履行社会责任的承诺及可持续发展的策略。

空间以大地色为主色调，并结合稳重的黑色，巧妙运用富有质感的材料和光影效果，营造了神秘的热带雨林氛围，更契合了大自然的主题。各式极富创意的手工艺品不仅提升了整体的艺术感，同时也是向亚洲传统致敬。墙面和门采用由印度尼西亚工匠手工制成的树叶形木板以及菲律宾蕉麻编制面板进行装饰。地板及门则运用各式天然的石头（如大理石、玛瑙等）与竹子等制成。Spa 走廊上的木质藤蔓令人仿佛进入了热带丛林，与竹园内产自泰国的亚克力竹子相比，则增添了几分宁静之感。

（三）通道

　　要提供一条连通更衣室、休息室、梳妆区、沐浴室的路径，确保男、女宾分开，避免设计成直线式。按功能分干区（更衣室、休息室、整装室、洗手间）和湿区两大部分，要通过设计人流方向避免出现通过湿区进入干区的情况。

Opium Spa 以黑白为空间的整体色调，其装潢调性也与酒店整体的设计风格相协调，充满了优雅与韵味。水疗区内少见的罗马风格浴场由大理石铺就。让人惊艳的休憩厅 (Opium Lobby)，使 Spa 于饭店的地位大大提高。

这里一处 6 096 m 长的地下室被设计成了水疗中心，里面有一个私人浴室风格的蒸汽室和一个 24 m 长的水池。它的外观给人一种既亲近又异域风味十足的感觉，烛光发出的淡淡光芒映射在瓷砖墙上，给人一种朦胧之感，水池则建在了如壁龛一样铺满闪闪发光的马赛克的房间里。

（四）更衣室

更衣室是提供给客人的半私密性区域。更衣室的大小和更衣柜的数量是制约 Spa 最大服务容量的关键性因素。更衣室、淋浴间、洗手间的面积和数量以后很难再扩充，故需提前做好各类预测，包括会员客人的使用预测、男女宾客的比例、高峰时段的使用预测、Spa 客人的消费习惯、泳池的使用预测、未来的扩建可能性等。

更衣室不宜设于狭窄的空间或通道内，避免客人与客人之间的身体接触。在规划人员流向时，要避免客人必须穿越更衣室才能达到某功能区域。女更衣室宜设有与美容中心相通的入口，这样女宾就不必穿着浴袍穿过前厅进入美容中心。避免可能从走廊区域看到内部，包括由于镜面、玻璃灯反射使人从外面看到内部的可能性。

大约每间按摩室约配 4 个更衣柜，若会员增多，数量也要相应增加。更衣柜采用标准样式，大小是 46 cm×56 cm，或至少 38 cm×50 cm。更衣柜的数量要根据 Spa 的规模、不同客源所占的比例、护理室的数量等因素综合考虑决定。根据所在地域的气候和风俗决定更衣柜的型号，寒冷地区要提供大号的更衣柜，其他地区提供中号更衣柜，热带地区提供小号更衣柜。如今一般 Spa 均设立了换鞋区，故更衣柜不必再设立放鞋的格子。理想的更衣柜材料要防水。为了避免造成抵挡更衣室的感觉，最好将更衣柜内嵌进墙体。地毯要有防菌功能。

更衣室内每 5 个更衣柜配一个长凳，墙壁有全身的穿衣镜，采用非直射的暖色光线，有中央控制的背景音乐。更衣室的最低面积要求（不包括换衣间和梳妆区的面积）=0.7 m^2× 更衣柜数量。换衣间面积最低 3 m^2。若客源市场和残疾人或隐私要求高的客人所占比例较大，就要提供几个换衣间。换衣间要有门或帘子、凳子、挂衣钩、镜子等。

服务台分别在男、女更衣室的门厅里，也可作为休息室的一部分。服务员在此处迎候并向客人分发浴袍、毛巾、拖鞋及安排更衣柜等。台子外侧高 1.3 m，内侧高 1 m，长度满足 2 个员工活动空间且便于出入。台子内侧有上锁的收银储物柜、抽屉，用于存放 Spa 用品用具。还要有电话、电脑、一台联网打印机，用于查看预定情况。靠近服务台出口需放置 2～4 把椅子，供等候的客人使用。服务台上方有工作灯，后方或旁边设陈列柜或陈列架，用于存放浴袍、毛巾、拖鞋或展示其他 Spa 用品。

（五）梳妆区

梳妆台是供客人化妆、整理头发、剃须等的地方。梳妆区位于更衣室旁边，宜分隔成几个小梳妆区，达到半私密的效果，数量约每 8 个按摩室要有一个小梳妆区。有洗手池的部分为湿梳妆区，附近宜有可上锁的壁橱用于存放低值易耗品。

梳妆台台面需有足够的空间摆放各种梳妆用品，台面高约 1 m，若空间允许，宜设高 0.65 m 的座凳台面。台面宜采用花岗石，避免使用可渗水的大理石，边缘厚 32 mm。台面上摆放盛毛巾的木盘，木盘深 30 cm，台面下有盛放脏毛巾的毛巾斗。垃圾箱为嵌入式。使用半身的镜子，吹风机电源在台面下，每区之间墙壁都宜有电源插座，地面用防滑地砖，墙面是瓷砖、镜面或防水材料，顶部灯光暖色，高亮度，宜有壁灯以防止面部阴影，便于女士化妆。

莫里斯酒店内的维蒙特水疗中心（Valmont for Le Meurice）由室内设计师 Charles Jouffre 设计，以纯净的白色和淡绿色营造出浪漫轻松的空间氛围的同时，也让空间显得清新盎然。家具则选择舒适的曲线软沙发，搭配如鹅卵石一般的白色茶几，也让空间多了几分灵动。

（六）洗手间

在更衣室内需要设有洗手间，位置在梳妆区旁边，这样可以方便客人由洗手间出来洗手。洗手间是一个独立区域，为了避免人流穿过，要安排在角落里。应避免从更衣室直接看到洗手间内部。每个坐便区的面积约为 1 ~ 1.5 m²。要有残疾人专用马桶。厕纸架为双卷，还要有挂衣钩、地漏。顶灯在洗手间中央，不要直接照射坐便区，光线要柔和。

（七）淋浴间

淋浴间位置在更衣室和梳妆区旁边，供客人在做 Spa 之前使用。每 6 个按摩室要提供一个（男／女）淋浴，每个淋浴区面积至少 1.2 m×2 m，另外，要提供两个有门厅的淋浴间，可与桑拿浴、泡池区域相通。

淋浴间的门是毛玻璃或百叶窗式的门，既满足私密性要求，又能从外面判断是否有人占用。淋浴间里设有肥皂盒架，男淋浴间墙上有剃须篮，用于盛放剃须膏、剃刀，还要有防雾镜；女淋浴间在墙角 0.45 m 高度有脚踏板，用于除腿毛。淋浴喷头距地面 2 m，可调节方向，喷头可手持使用。提供 4 个自动浴液盒，分别盛放浴液、洗发液、润肤液、剃须液。灯具是防水的，灯光向下。地面应采用瓷砖装饰，要向地漏方向有一定的倾斜坡度。墙面亦为瓷砖，宜有与 Spa 主题相关的装饰。天花板有防水功能。在擦干身体的区域要有凳子和两个挂衣钩。淋浴间外的区域要有地漏，便于日常清洁。要有供残疾人使用的淋浴间。

Spa 室设计摩登时尚，采用马赛克铺设墙面，组成美丽的图案，并采用蓝色的灯饰或艺术品作点缀，营造满室华丽温馨的感觉。

（八）水廊（湿区）（男宾、女宾分开）

　　水廊是客人逗留的中心区域，供客人等候按摩、护理时放松自己，包括蒸汽浴室、桑拿浴室、温泉泡池、漩涡泡池。控制空气湿度和温度，避免湿气和高温进入干区。宜采用自然光或能看到外面景色。此区域提供大量挂衣钩，供使用泡池、蒸汽浴室、桑拿浴室的客人挂浴袍、毛巾。要有休息区，放置椅子和茶几。要有特殊淋浴，提供大号喷头。此区域应设置布巾储存室和回收室。在位置明显的地方放置时钟，设置一个长台提供自助的饮料、果汁、点心等。地面要防滑，墙壁宜有装饰图案、浮雕等突出 Spa 主题，有背景音乐、天花板防水防潮，灯光可调节，灯具要防水，可根据需要采用彩色灯光，有地漏、高压水龙头。高速的空气循环量，有除湿功能避免室内发霉，营造自然、优雅、放松的氛围。

　　蒸汽浴室是水廊的一个设施，供客人按摩前放松自己，位置紧邻桑拿浴室和漩涡泡池、淋浴间。面积最低 12 ~ 15 m²，避免两个设施间须经过干区。室内建成类似长凳的两层石阶，供客人选择坐在不同温度区域，每层高约 45 cm，向前 3 cm 的倾斜度，边缘是被磨光的柔和曲线。地面向地漏倾斜 4 cm，有防滑功能，室内全部采用防水、防霉材料，天花板最好拱形穹顶，防止水珠滴落，蒸汽喷嘴远离客人活动范围并有防护罩，室内温度控制在 43 ~ 49 ℃，门有窥视窗能观察内部的同时又有密封功能。

"帐篷"位于岩石小山的半坡平台上。面朝河流，小小的 Spa 空间不仅可以按摩，还可以享受泥浴带来的乐趣。

陡峭的厚厚茅草顶让空间更好地融入自然的同时，更让其有了农家的趣味，作为对西晒太阳的极好防御，西立面采用斜坡设计，大大地减少了进入室内的阳光。因为地面的屋顶支柱，空间外表变得更加别致。也只有本案，屋顶已经颠覆了传统的遮挡。

优良的建筑方法，如可可叶等取自于当地的用材，与钢构、瓦面等共同成就了本案和谐、自然之感。内部空间，上层私人卧房以木、彩色玻璃为框架。其中所用木材取材于原木树龄有 40 多年之久的大树。中空的地带有一网面，给那些乐于半空戏耍的客人带来了一种异域的感觉。下层空间，无边际矿物质泳池配备着古老的木质家具给人一种放松的感觉。向下看，小河静静地流淌。

非凡的屋顶结构、和谐的用材，使原本早经遗弃的空间如今有了阳光的投影、风的舞动。娴熟的建筑技能，周围环境的典型性特征如今在空间中都实现了生命的绽放。

业主：I 度假村

设计公司：a21 工作室

摄影：a21 工作室

用材：岩石、木材、可可叶、二手家具、砖

面积：126 m²

塞米亚克 W 水疗度假酒店 AWAY 水疗中心是一个采用当地建筑风格的精美奢华空间。宽敞奢华的室内护理区拥有完全私密的环境，完全承袭 W 酒店擅长的惊艳灯光设计，将感官体验与鲜明色彩、跃动的气味、充满想象力的声音、活力照明和排毒乳液交织在一起。水疗中心包括三间带冥想台的单人护理室、两间带活力浴的双人护理室、两间带干湿护理区的水疗套房、一间面部护理室、一间美发沙龙和一间美足美甲室。

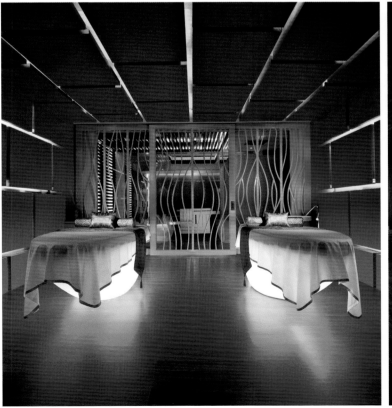

（九）休息区

　　Spa会所装修设计过程中需要考虑休息区的划分和注意事项，从时间上讲休息分为临时休息和长时间休息，临时休息一般很灵活，而长时间休息则是以休息为主要目的，需要时间和空间。Spa会所的门厅休息区，多带有临时休息的性质，而中厅休息区则带有长时间休息的性质。临时性的休息场所，要求具备一定的设备和相应的各种条件；长时性休息场所，要求拥有更完善的设施和环境，如读、看、听、吃等。

　　Spa会所装修设计中共享空间的休息区的设计，除了考虑休息时间的长短、性质之外，还应注意以下几点：

　　1. 能够满足休息时间长短、性质不同要求的三大系统设施——休息、卫生、购买。

　　2. 排除干扰休息的因素。在休息区的划分上，避免人流的穿越以及给人拥挤杂乱的感觉，保证客人能自由走动；在隔音的处理上，排除噪音的干扰；在休息设施的排列组织上，避免休息者彼此之间的影响。

　　3. 在装修、色彩、照明等方面，保证空气通畅、气味清新，采用柔和的光线，力求创造一个平静、安宁、亲切、融洽、舒适、愉快而又不失优雅的环境氛围。

　　4. Spa会所装修中休息区（子空间）的界面设计

　　（1）Spa会所休息区子空间的顶界面设计。在许多情况下，作为小环境的子空间，其顶界面即共享空间（母空间）的天花板。设计可采取局部压低吊顶的标高，在子空间上部的天花板下设置具有不同造型特征的屋顶和檐口，或在子空间上部支起伞罩或下垂幕罩等，甚至悬吊的灯具或装饰物也可以作为一个小环境顶部的象征性标识。

　　空间流露出二十世纪三十年代的艺术装饰魅力，与现代前沿风格相结合，设计灵感源自酒店标志性的英式风格。特殊定制的布料与古董家具在深海之蓝的映衬之下，给人一种曼妙华丽的感觉。而绿色植物的引入，则让空间多了一分清新之气。

（2）Spa会所休息区子空间的底界面设计。通过变化地面标高和地面材料来分割厅室（母空间），这是构成子空间、创造小环境的重要途径。

（3）Spa会所休息区子空间的侧面设计。Spa会所中的休息区多为开放式的空间构成，因此，休息区组群的侧界面设计应力求体现"似隔非隔，相互交融，尺度近人，形式灵巧"的原则。如采用休息设计组合、栏杆或矮墙、栏板或盆栽陈列等，这一类隔断的高度应充分考虑人们坐时的视觉感受。

广州文华东方酒店的 Spa 别出心裁地设置在四楼平台的副楼，紧靠室外泳池，营造出一种都市绿洲的感觉。Spa 的设计秉承了文华东方酒店一贯的传统与现代糅合的特色，在现代氛围中融入充满东方色彩的元素，色调温暖，和谐静谧，淡雅优美。从低调隐秘的入口，到休息区域美轮美奂的布幔设计，都让人眼前一亮。

参考资料：
《Spa 水疗会所装修设计》
来源：豆丁网
《休息区在洗浴中心装修设计中的注意事项》郑州大铭装饰设计工程有限公司网站

桑拿中心设计

一、桑拿浴

桑拿浴是英文 Sauna 的译音，在特制的小木板房中通过特殊设备将室温迅速升至 45 ℃以上，以便使沐浴者身体充分受热，达到排汗目的的特殊沐浴方式,这种沐浴方式认为只有体内垃圾充分排出体外才能保持健康。

（一）桑拿浴的洗浴方式

广义的桑拿浴有干蒸和湿蒸两种洗浴方式。

（1）干蒸：是狭义的桑拿浴，又称芬兰浴。桑拿房(干蒸室)是一个面积不大的特制木结构房间，房间的四周有两层躺板，中间是一个通电加热矿石炉，旁边配有冷水桶，客人享受时，将冷水泼在烧红的矿石上，就会产生一种清淡的矿物质香味，这种香味对人体有益，其整个沐浴过程是将室内温度升高到45℃左右的高温下，使沐浴者犹如置身于骄阳之下或沙漠中，体内的水分被大量蒸发，以达到排泄的目的。

（2）湿蒸：蒸汽浴，又称土耳其浴。在洗浴原理、方式、功效等方面与芬兰浴一样，它经常被桑拿室当作附加设备安装在干蒸桑拿房附近，以便为客人提供多一项选择。

湿蒸房和干蒸房有以下不同之处：

①材料不同。蒸汽浴房通常用特种玻璃钢制造，一间简单的房间里沿四壁排满了固定的色彩淡雅的座椅，地面由防滑材料做成，浴室内设施简洁，除有防蒸汽的墙灯之外，还有自动香精喷雾器和自动清洗器；

②房间容量不同。湿蒸房可容纳 2～20 人，而干蒸房一般较小巧；

③蒸汽产生的途径不同。蒸汽浴房的蒸汽是由设置在室外的特制电动蒸汽炉产生后输入蒸汽浴房内，蒸汽炉除带有电路和蒸汽压力的安全保障装置外还有全自动恒温控制器；

④成本耗费不同。相关辅助设施、设备没有干蒸桑拿浴房繁杂，因此比桑

拿浴的价格低一些。湿蒸室内蒸汽均匀分布于整个房间，并不断地增加湿度和温度，使沐浴者仿佛置身于热带雨林中，在这种又湿又热的环境里，沐浴者会大汗淋漓，从而达到排泄体内垃圾的目的。

（二）桑拿浴的伙伴——差别浴

桑拿浴通常都和"差别浴"在一起进行，就是说在沐浴的过程中轮流进出三种不同温度（也称三温暖）的水中，先用温水淋浴，将身体擦洗干净，在温水池里浸泡片刻，然后进入桑拿浴房中 10 ~ 15 分钟。当感觉到全身排汗或感到太热时出来，进入到冰水池中浸泡或用冰水淋浴，然后再进入桑拿房，出来后再入冰水，如此反复进行三次以上，人体在这三种不同温度状态下，毛细孔达到扩张和收缩的目的。池中还有按摩设施，使人更易获得松弛的效果。对桑拿浴房感到不适的也可以在热水池中浸泡来代替桑拿房热蒸，最后进入淋浴间将全身洗净，或在温水池浸泡一会儿后进入休息室休息。

（三）桑拿浴的温度控制

干烤或湿蒸出汗。温水淋浴后进入干蒸房或湿蒸房。温度大约在 50 ℃时，开始出汗，蒸汽不仅可以补充皮肤的水分，也益于呼吸系统的保健，还可以护发，桑拿房的温度控制在 55 ℃较好，不应超过 65 ℃，因为人体的排汗量在 65 ℃时，已达到极限。大量的出汗，有利于排除毒素，并促进血液循环。

二、桑拿中心各功能分区设计与布局

（一）接待厅

接待厅体现着桑拿中心的整体形象，应该在装饰设计上主题鲜明，并具有艺术感染力。接待厅内设沙发和茶几，以供客人等待之用。接待厅通常占场地的 8% ~ 10%，是装修的重点。接待厅除了接待和结账用的柜台外，还应设置供客人小憩或等待的沙发。

（二）更衣室

更衣室的主要设备是贮衣柜，一些高级场所有条件可以将更衣室分隔成多个独立的小更衣房。贮衣柜的数量应与设计标准即接待能力相适应。具体计算是：数量＝每天消费人数（设计容量）÷（2 或 3 或更少）。

（三）洗浴区

洗浴区通常设于一楼（若设在其他楼层，则必须考虑承重能力），一般包括桑拿房、按摩池、蒸汽房、淋浴房。池区设计要求主题明确突出，线条明快简洁，空间要高，光线要明亮，空气交换量要大。

1. 桑拿房

（1）干蒸桑拿房设计

①全木质封闭结构。桑拿房通常要用优质松木条做成一个全木质的小房子，现代桑拿浴室的四壁、天花板、地板、门、凳一律都是木质结构，靠墙的一侧有两条台阶式的木凳，还有木条制成的休息床和枕头，供客人在浴室卧坐之用。墙壁、天花板等都是双层结构，中间还有保温层，以防热气外溢，形成封闭系统，但要有玻璃窗和门，便于服务人员观察室内客人的状况，以防意外。桑拿房天花板、墙面选用防热、防水材料装修，浴室房门安全，开启方便，设有安全防护瞭望孔和报警装置，浴室内各种设施设备齐全、完好。各桑拿浴室的天花板、墙面无灰尘、垃圾和卫生死角，整洁干净，所有金属件表面光洁明亮，镜面无水迹。所有木板洁净、光滑、无灰尘和污迹。

②规格多种多样。桑拿浴室的容量大小有许多种规格，从容纳2人到20多人不等。

（2）桑拿房的分类

桑拿房按用途可分为干蒸室和湿蒸室，按制作方法分为订造式桑拿房和组合式桑拿房。

①干蒸室和湿蒸室

干蒸室内配浴床、专用水桶、电炉、大勺和橄榄枝，设温度计、湿度计及沙漏计时器等，以增加舒适感。湿蒸室通常为组合式玻璃纤维蒸汽房，要求美观耐用，容易清洁，隔热设备完善，耗电低，节省能源。各种蒸汽浴室的设计可根据接待人数来确定大小，如果预计一天接待100人次顾客，则需要设计一个大约8 m²的蒸汽浴室，蒸汽房内可装置冷水淋浴花洒、立体音响、安全防护瞭望孔、报警装置及全自动香气输送等。

②订造式桑拿房和组合式桑拿房

订造式桑拿房采用经加工处理的白松木，可以根据桑拿中心的设计要求或现场情况进行订造，不受固定尺码限制，能达到最理想的效果。订造式桑拿房的设计要点主要有：设有通过墙的气孔；在桑拿房顶部中空间隔中设一气孔，如果中空间隔被密封，则间墙（如桑拿门以上）最少要有一个通风口，以确保桑拿房内空气与外对流；通过桑拿房顶设通风管，通风管应装置于间墙与桑拿房顶的相接处。

组合式桑拿房为很多现代酒店所采用，其款式多样，可以迎合不同的桑拿房设计需要，优点是兼有内外墙身，可省去建造外墙的土建工程，而且安装简单、快捷，搬拆容易。

（3）桑拿房配套设备的设计要求

①桑拿炉

桑拿炉是桑拿浴的一个重要设备，它为桑拿浴提供热能。桑拿炉的型号、品种、规格很多，其热能也不一样。

②桑拿房的配件设备

A.全自动电子恒温控制器。先进的桑拿炉配备全自动电子恒温控制器，可根据客人需要调节室温，并且始终控制好桑拿房内的温度，不必随时调整，大大方便了客人。

B.桑拿蒸汽两用炉。可用于土耳其浴和芬兰浴。

C.温度计、湿度计。所在的位置不可过高或过低，供客人随时观察桑拿房内的温度、湿度。

D.特制桑拿石：它是通过大功率电炉或者是电热磁石盆，将其中的桑拿石加热，例如加热南非的灿石，从而使室温迅速升高，以达到蒸浴的目的。桑拿石含有大量的锌、钠、钾、钙、铁等各种金属成分，其温度急剧上升之后，用冷水泼洒它，不但不会爆裂，而且还能在丝丝的节奏声中将对人体非常有益的矿物质分子大量释放出来，供蒸浴者通过呼吸和皮肤吸收进入体内。

E.木制休息床（浴床）。供客人坐、卧、躺。

F.木桶、木勺和橄榄枝。桑拿房中还有桑拿木桶和木勺等配件，以便让客人将房内的湿度增加到所需程度。当客人洗土耳其浴时，要在木桶中备好清水，在洗浴的过程中不断地用木勺舀水泼到桑拿石上。水碰到火红滚烫的石头后立刻变成水汽弥漫在空气中，湿度的大小由客人自己掌握。

G.灯光、计时器和音响。墙上有防水的照明灯（隐闭灯光）、沙漏计时器，豪华的桑拿浴房有专用的音响系统，提供背景音乐，甚至可以模拟大自然的阴、晴、风、雨，只要将所需要的程序输入电脑，客人便可

以听到悦耳的鸟鸣、隆隆的雷声和涛涛的海浪声，犹如置身大自然中。

2.三温暖按摩浴池设计要求

三温暖的浴池依次分为冷水池、温水池、热水池。目前，几乎所有的三温暖浴池都采用现代化的电脑控制的按摩浴池，它能产生水压式按摩作用，对心肌运动有帮助，能使心脏机能得到适当的运动，加强其抵受压力的能力，还可以促进血液循环，加速新陈代谢，锻炼人体的血管、神经，增强身体的抵抗能力，使人获得浸浴的至高享受，并可治疗因剧烈运动所引起的肌肉疼痛或关节疼痛，而且水疗按摩系统还可汇集由四面八方而来的空气和水分，产生大量的回旋式气泡，再加上科学的喷嘴位置设计，使水的冲力直接针对人体的背部、尾龙骨、神经中枢、脚底及其他部位，从而提供全身水力按摩治疗。水力按摩池属于高档设施，一般用特级玻璃钢制成，可以制成多种形状和大小，除配备可调节式喷嘴外，还有多个按摩水泵，全自动过滤、消毒、加热机组、平稳水箱、池底照明，有些还带有隐藏式瀑布龙头及握式莲蓬头。

所以，一个完善的桑拿洗浴中心，应具备这三种不同温度的水力按摩浴池，供客人一冷一热的反复交替洗浴，按摩浴池的启动都有多个漩涡式高压喷射龙头，以便随意调节喷射角度、水温、水力及空气的混合动力，使身体每个部位都能得到适当的水力按摩，有促进血液循环，增进健康等特殊作用。按摩池的数量由干、湿桑拿房的数量而定，要与桑拿房的数量保持一致。它们之间的数量比例关系如下：

（1）热池数量＝冷池数量

（2）暖池数量＝热池数量×2

（3）蒸汽房数量＝淋浴房数量

① 热水按摩浴池：热水按摩浴池水温较高，温度一般在 40～45℃，使用者不多，是专为喜欢高温度按摩的顾客

而设计的，在座位对上的地方设置漩涡式高压喷射龙头，能使客人在比较热的水温中，享受到水力按摩背部，以便驱除疲劳，并能有助于关节神经治疗，池内设置的照明灯除有安全照射功能外，还具有加强池水的动力效果。一般建成2.5 m长、2.5 m宽、0.9 m深的浴池，可供6～8人使用，池内设水力漩涡式高压喷射龙头6个，池内照明灯4盏以及低压12伏输出变压器。

②暖水按摩浴池：暖水按摩浴池水温适中，温度在25～30℃，适合大多数客人享用，故池身面积要求相对较大，为热池的面积两倍左右，按摩浴池应设计为可供1～30人同时使用，要求有池底照明灯、循环系统设备、全自动池水消毒系统，以及相应的加热及制冷系统设备，池内应设多个0.4 m宽、0.45 m高的座位、水力漩涡式高压喷头10个、池内照明灯8盏。

③冰水按摩浴池：冰水池水温度低到10～12℃，冰水浴有其特殊的功效，因为人体在经历桑拿浴或蒸汽浴后，体温升高，动脉及皮肤毛细血管扩张，血液循环加速，在这种情况下，当身体突然接触到冰水后，血管及皮肤孔道马上收缩，使尿酸及有毒金属体，迅速随汗水排出体外，肌肉得以保持弹性，而且皮肤孔道的清洁能促进散热功能的发挥，使顾客感到格外轻松，疲劳尽除。但是，一般顾客很难适应，故其尺寸不必太大，可与热池基本相同，冰水池底可设气泡式喷嘴12～15个，制造气泡上升的效果，使用者可感受到气泡的轻柔按摩。冰水池必须设置于桑拿浴室的门外，不应离开太远。

3. 淋浴间的设计要求

蒸汽花洒房为立式，集淋浴、蒸汽浴、水力按摩及瀑布式淋浴于一身。这种花洒房体积小、功能全，非常适合家庭或宾馆的豪华套房使用，娱乐场所中也经常将它配在桑拿浴中的VIP包房内，作为多功能的淋浴室供客人享用。

①沐浴间的体积：淋浴间通常2 m多高，全封闭，占地面积很小，用淡色的特种玻璃制成，里面通常配备多组对称式电脑控制的按摩喷嘴对人体的各个穴位喷淋，为客人作全身按摩，以达到消除疲劳和恢复体力的功效。瀑布式淋浴和花洒淋浴还可以按摩人的颈部和肩膀，浴房外可安装小型的蒸汽炉并配有自动恒温控制器，使浴房成为蒸汽房。有些淋浴间内还有设计精巧的座椅，使沐浴更为舒适轻松。

②淋浴间的数量：每个淋浴间（龙头）平均每天约可接待20名顾客，若设置淋浴间，需先确定每天接待的顾客人数，然后决定所需的热水炉数量。

③淋浴间的水压、温度：淋浴水力要充沛，如果水压不足，要考虑装设加压泵，国外的淋浴间多设单手控制的冷热水调温龙头，或加设时间掣，及采用脚踏开关，以节省用水。

④淋浴间的高度设计：淋浴龙头的装置高度不可太低，一般离地2 m，并可考虑设置挡门。

⑤淋浴间的配套用品：自动落浴油、洗发水及按摩花洒，已成为浴室必备之物，而最新设备为全身按摩器及冷热水花洒淋浴器等。

⑥淋浴间的排水系统：要畅通无阻，地面要铺防滑设备。

（四）按摩室

按摩室所占面积一般比场地的一半稍小，室内一般以暖色调配合调光灯，形成融洽、舒适的氛围。按摩室一般应与洗浴区相邻，不应间隔太远。按摩室可以是单间，也可以是一个多床位的按摩室，以满足不同顾客的需要。某些酒

店同时设有大按摩房和按摩包厢：大按摩房是指有 2 个以上床位的房间；每个包厢只放 1 个或 2 个床位，每次只容纳 1 位或 2 位客人。

（1）内部环境的要求

按摩室内温度 25 ℃左右，相对湿度保持在 50% ~ 60%，天花板、墙面整洁美观，无灰尘、污渍、地面光洁，无杂物和卫生死角。光线暗雅，灯光设备要设于墙上，光线向上，切忌设于天花板上。室内空气通风良好，空气新鲜，整个按摩房环境达到美观、舒适和安静，气氛宜人。

（2）按摩床的要求

按摩床的设计要专业、舒适，不能随便，空调设备要小心策划，冷空气不能吹向床上。床上用品配床褥、床单、枕头。客用上衣、短裤、按摩衣、拖鞋及其他按摩用品齐全、完好、质地优良。室内按摩床的位置相对固定，摆放整齐，距离与高度适中，便于操作。

（3）区域分隔的要求

男女按摩室要分开，配专用的配套桑拿浴室。

（4）要求与休息室搭配

按摩室附近设休息室，室内配沙发座椅、电视、书报、杂志，按摩室内专用按摩床质量优良。家具摆放整齐，布局合理。照明充足，光线柔和。

（5）外观视觉形象

按摩室门口应设营业时间、客人须知、价目表等标志牌。标志牌设计美观，安装位置合理，有中外文对照，字迹清楚，整洁美观。

（五）干身区

干身房的数量与淋浴房保持一致。

（六）休息区

休息区温度控制在 20 ~ 22 ℃，要求与洗浴中心的档次相适应，空间较高、气流通畅、光线柔和、形成一个安静、高雅、舒适的小憩区。为了增加经济收入，并适当控制休息区逗留人数，目前流行将休息室设计成具有视听功能的小区，设计成水吧或者划出部分区域设成水吧。休息区所占面积一般是场地的 25% ~ 30%。

（七）贵宾房

贵宾房指配备独立的淋浴房、蒸汽桑拿房和按摩房所组成的单独房间。贵宾房一般要求装修豪华气派、温暖舒适、富有特色、不落俗套，在设计中要尽可能将淋浴间、卫生间和蒸汽桑拿房隔开，以便于同时接待一个贵宾房中的多位客人。高档次及大型桑拿中心，常常附设豪华气派的贵宾房，房内设小型蒸汽室、桑拿室或再生浴室、水力按摩浴缸、按摩床、更衣室、卫生间、沐浴间和小客厅等，各种设备一应俱全，适合家庭、商业伙伴、亲朋好友共同使用。有些贵宾房还设有 KTV 包厢，采用良好隔音设备，使客人得到更全面的享受。

（八）其他配套设施

（1）更衣室：配带锁更衣柜、挂衣钩、衣架、鞋架与长凳。

（2）卫生间：卫生间门要配自动关门器，客人进入卫生间的路线应是曲线，可以采取在中间设置一个过渡带的办法，过渡带内配备盥洗台、洗手液、面巾纸、掷纸篓、大镜，内间设红外线感应小便池、隔离式抽水马桶、卫生纸、掷纸篓、除味球等。

三、桑拿浴室整体设计

（一）桑拿中心整体设计要点

（1）楼层布局合理：大型按摩浴池，其单位重量可能超过 1.5 吨，适宜建造在首层。如果楼面承重不够，可以采用多个小型轻质池。按摩房可设在楼上。

（2）外部视觉形象 (VI) 鲜明：外部装饰必须考虑周围的人文环境，力求做到既超凡脱俗，具有特色，又不破坏原有建筑风格。

（3）内部装修、装饰高雅：内部装饰不一定要富丽堂皇，但应大方、高雅、美观、实用，注意色彩的运用、空间的互补、景观的搭配，可适当布置一些灯具、小品、字画、绿色植物、花卉、盆景、假山、回廊。

（4）注意客人消费顺序和洗浴流程：要防止干区与湿区的交叉和客人路线的重复，避免客人走回头路，使有限的空间发挥出最佳效用。

（5）各功能区合理分离：员工通道和客人通道要分开，员工卫生间、更衣室、休息室要同客用的分开，行政区和接待区分开。

（6）突出重点：酒店桑拿中心要结合自身的经营情况，突出重点区域，例如，有的酒店桑拿中心经营重点在按摩服务，故留出较多面积用于按摩；有的酒店桑拿中心考虑到女消费者少的特点，将女宾区缩小或者将女宾区干脆称为 VIP 区，这样，在没有女宾时，男宾也可以使用了。

（7）重视环境质量：桑拿浴室的空调系统必须完善，运转正常，以确保浴室内始终保持正常的温度与湿度及保证有足够的通风，因为其好坏直接关系到桑拿的效果，甚至顾客的生命安全，室温宜保持在 22 ～ 26℃之间，各室通风良好，空气新鲜，环境整洁，客人有舒适感、方便感和安全感。

（8）经济原则：桑拿浴室应根据接待顾客的能力设计安装各种设备，如需要接待大量顾客，应安装两间桑拿浴室，一个小间，一个大间，或者应设分隔式小桑拿浴室，这样更符合经济原则及实际需要（一间 2 m×2 m 的桑拿浴室，一天内可以接待大约 100 名顾客）。在非繁忙时间，可关闭其中一间以减低用电量。

（二）浴室区域设计要点

（1）"绝对清洁"是浴室设计的根本要求，因此，所有排污水系统必须畅通无阻，地面必须铺上防滑的地台胶条，使水分迅速流走，以保持池区始终有干爽的感觉。

（2）所有客人有机会接触的地面，必须采用防滑材料。

（3）空调系统设计要做到任何冷空气不能直接吹着客人。

（4）淋浴间及蒸汽房门对出的天花板，必须采用塑料，避免蒸汽水点凝聚而损坏天花板。

（5）要有电源供应饮水喷泉及小雪柜。

（6）冰水池必须设置于桑拿浴室及蒸汽浴房的门外，不应离开太远。

（7）浴室区应有宽敞位置放置休息椅，并应有饮品供应，因为很多客人有在池区休息的习惯。

（8）淋浴间应尽量避免干温水及热水按摩池附近，以免影响客人享受按摩浴的乐趣。如地方面积有限，则必须设置淋浴档门。

（9）淋浴区须设有卫生清洁的洗手间，并需特别注意通风及抽湿系统。

（10）擦背是洗浴的必有服务项目之一，擦背房宜四边有墙，不宜面向其他淋浴者，擦床多用硬木制成，房内必须有温水供应及设下水地漏，而且灯光要暗，并不宜有空调设备。

（三）干蒸桑拿房及蒸汽浴室的安装要点

（1）桑拿房及蒸汽浴室皆设有通风设备，因此，要注意热空气或蒸汽散发的位置，一般而言，可将热空气或蒸汽引至场内的通风系统内。

（2）桑拿房及蒸汽室的耗电量直接影响经营成本，因此，要选择耗电量低，而能保持一定温度的桑拿设备，桑拿房及蒸汽浴室的隔热设备，亦影响其耗电量。

（3）桑拿房内除发热炉需要电源外，照明灯及电视也需要电源。

（4）蒸汽浴室的蒸汽电源，只需供应至安装蒸汽电热炉的地方便可。照明光当然也需要在房内有电源供应，如需加装冷水淋浴，则需将水管安装至蒸汽房内。

（5）蒸汽发热炉安装后，供应蒸汽管道不宜太长，应在 3 m 范围内，并注意管道避免屈曲成锐角，以免产生噪音。

、桑拿中心的环境设计

一）外部装饰

桑拿房外部装饰必须考虑周围的人文环境，求做到既超凡脱俗、独具特色，又不破坏原有筑环境。洗浴中心门前需干净、整洁、停车方便。拿浴室门口设立营业时间、客人须知、价目表示志标牌，标牌设计要求美观大方，有中英对照，连清楚，安装位置合适、醒目，具有吸引顾客招牌功能。

二）内部设计

由于内部功能布局与日后的经营管理和运营本紧密相关，所以遵守内部总体设计必须美观、用的原则，使有限的空间发挥出最佳效用。桑中心各功能区域的设计与布置必须保证活动流完整、顺畅，职工通道与顾客通道分开，机械应与休息场所分开，并保持一定距离。室内温保持在 24 ℃左右，各室内通风情况良好，空气鲜，环境整洁，客人有舒适感、方便感和安全感。

土耳其浴

传统的土耳其浴最早起源于西亚的安纳托利亚地区。当时作为马背上的穆斯林游牧民族的土耳其人刚刚从中国的新疆迁徙到那里，接触到了东罗马帝国拜占庭时期的文化和生活习俗，拜占庭时期东罗马人的洗浴方式便是其中之一。土耳其人将东罗马人用大理石修砌的浴池与净身以及对用水的崇敬方式融合，形成了一种新的洗浴方式，即"土耳其浴"，并渐渐演变成为土耳其人的一种日常生活习俗。

土耳其浴在土耳其语里叫哈马姆，是一种传统的桑拿浴，主要由蒸汽房、洗浴室和休息室三部分组成。传统的土耳其浴池是按照穆斯林风格建立起来的，地面和墙壁均用大理石砌成，室内大厅有一个大水池，侧厅则建有一个个类似洗脸盆大小的小水池，浴池内还用大理石砌成很多台面，供浴客躺在上面让人搓澡和按摩。洗浴时，一般先到大水池的热水中泡上一阵子，然后到小水池旁坐下，用金属制作的盛水瓢盛水，一瓢一瓢地浇洗头发和身上。这种洗法叫净身，浴客要用手蘸着池水洗脸、洗手和洗脚，洗脸时必须洗到耳根，洗手时必须洗到手腕上，洗脚时必须洗到脚踝骨上，然后再用水瓢盛水冲刷身体。出于对水的一种崇敬，盛水瓢用金属制作，并且一瓢一瓢地盛水沐浴。因为此前土耳其人一直在迁徙中生活，水对他们至关重要，绝不能轻易浪费。

　　净身后，浴客再到大理石台面上让人搓澡和按摩。在正宗的土耳其浴室内，专门有一批称之为"坦拉克"的按摩师。当沐浴者舒展四肢躺卧在"肚皮石"上，双手涂满橄榄油的按摩师便在他身上推、拿、揉、按，使全身皮肤微红，血脉流畅，顿觉浑身轻松，舒适无比。

　　土耳其人进浴室大都带一个丰盛的食品盒，装着羊肉串、腰子、酸奶、榛子等食品干果。沐浴后，新朋旧友聚在一起，边吃喝边聊天。这种"浴室聚餐"往往持续九小时，然后各自回到更衣室的单间，美美地睡上一觉，直到太阳西下才回家。

　　除了接待男士外，土耳其浴室也接待女士，一般是在一周的几天为男客服务，另几天为女客服务。有的浴室开设男女两个浴室，同时接待男女客人。女士洗浴，有其独特的方式。她们坐在石凳上，先用盛满肥皂水的铜盆从头到脚冲淋一通，然后让女侍者用清水沐淋7次，据说这也是按照伊斯兰教的规矩。妇女们也备食品盒，沐浴后，她们请朋友们品尝自己做的菜肴，以显示烹饪技艺的高超，又可以相互切磋。她们还要在手指甲和脚趾上涂上一种叫"克纳"的颜料，发际洒上香水，让自己光艳照人。

二、浴室构造

土耳其浴室不论大小，结构大体相似：一进大门，先是一个小门厅，在这儿顾客先把鞋子脱掉，换上浴室提供的拖鞋，再往前走，爬上四五级台阶，便来到一间大厅，四周墙壁上绘有一些图案，中间是座喷水池，左右各有一扇大木门，所有的工作人员都站在喷水池旁准备迎接顾客。

顾客在服务台登记完后，由一个服务员带领，到左侧木门内的一个小房间里。屋子里有一张凉床、一个茶几、一盏灯。这时服务员会送来一套浴巾，顾客在这里更衣后可以先躺在床上休息，也可以摇床头的铜铃呼叫服务员送餐。大厅的另一侧木门内设有一条小走廊，两侧各有一间洗手间，顾客可在此洗手、刮脸。走廊的尽头是一扇雕花木门，木门内是一个宽大、四周密不透风的浴室，浴室的墙壁呈环形，全部采用石头打造而成，墙壁内侧有许多热水管和一个个小水槽。中间地上有一块凸出的大理石平台，约有半米高。大理石平台下面冒出一股股蒸汽，室内热气弥漫。沿着墙角还砌有一溜儿没有靠背的小石凳，顾客可以坐在那儿洗澡。整个浴室到处都雕刻着美艳绝伦的伊斯兰图案，充满了浓郁的东方气息。

亮丽典雅的纯白和布满镂刻雕花装饰的拱门和门廊，带有安达卢西卡Alhambra皇宫的味道。Spa室设计摩登时尚，采用马赛克铺设墙面，组成美丽的图案，并点缀以蓝色的灯饰或艺术品，营造满室华丽温馨的感觉。

三、文化讲究

　　作为一种文化，土耳其浴有很多讲究。如"新娘浴"仪式是大多数土耳其家庭保留的习俗。新娘第一天嫁到丈夫家里时，要到土耳其浴室洗浴，并换上男方家里为她准备好的衣服，佩戴好婆婆送的金银首饰，以示自己从此便是男方家里的人了。除此之外，对土耳其人来说，出生 40 天的婴儿也要抱去洗土耳其浴；每当人生经历到某一个重要阶段或遇到值得庆贺的事情时，比如做新郎、参军或考上大学等等，土耳其人也习惯于在浴室里用洗浴的方式举行庆典仪式，主人和来宾聚集在浴室里一边洗浴一边吃些小吃，还欣赏着浴室乐队演奏的音乐。在这一过程中，人们或替孩子、恋人祈祷求福，或作出承诺，或许下心愿。当然，洗土耳其浴还是好客的土耳其人对来访客人的一种盛情接待方式。

　　有时，浴室也举行悼念仪式，它虽与喜事庆典风格不同，但在土耳其也很流行。总之，土耳其浴与土耳其人的民族文化和生活习俗都有着非常密切的联系。

四、土耳其浴与桑拿浴的区别

　　土耳其浴与普通桑拿浴有所不同。桑拿浴室内温度高，其洗法是通过室内的蒸汽蒸烤皮肤，再通过皮肤将热量传到人体内部。而土耳其浴室内温度不高，大理石板用温火加热，热量通过躺在上面的人的皮肤接触渗透到人体内部，再向外散发出来。普通的桑拿浴由于室内温度太高，人容易感到胸闷气短，一般10 ~ 20分钟便需外出休息一下，而且高血压或心脏病患者也不宜蒸桑拿浴。但土耳其浴则没有这些问题，室内温度不会让人产生不舒适感,故男女老幼皆宜。人体在大理石板上热烤，益气活血，舒筋通脉，并能将内脏的浊气排除到体外，尤其对患有风湿病的人最有好处。

健身中心主要是以体质锻炼和改善生理情况来达到人的肌肉训练、心肺功能锻炼、健美训练等目的。健身中心的设计与布局应根据酒店的大小及实际情况而定，是酒店的可选项目。

健身房设计

（一）项目设置及设备

　　酒店健身房要根据面积的大小做适当的健身器材的配置，一般情况下，有氧、力量健身设备均需配备，数量应均衡，在有限的空间里为客人提供尽可能多的选择。

　　现代酒店的健身房常提供拉力器、跑步机械、肌肉锻炼器械、划船机械、脚踏车等健身运动器械。器械的摆放应注意有氧设备和力量设备分区摆放。有氧设备的左右间距应在 40 cm 以上，便于健身教练站在器械旁指导客人科学使用。跑步机后部距其他设备应留出至少 120 cm 的安全距离。有氧器械应尽可能临窗摆放，并设置电视机，弥补锻炼的枯燥。力量器械区应安放镜子，便于客人锻炼时掌握准确的姿势。

　　除了健身器材设备，健身房内也应为客人配备一些基本的体测仪器，比如体重称、脂肪分析仪等。

（二）面积指标

　　健身房面积是依据健身器材的单项面积和健身器材的配置情况而设定的。国家标准规定健身房不包括更衣、淋浴等配套设施的面积至少为 30 m^2，不少于 6 种器材。有关健身中心面积指标可参照下表。

健身功能名称	占用面积
单项功能健身器材	4.7 m^2/ 件
综合力量训练器	14 m^2/ 件
健美操	2 ~ 3 m^2/ 人
更衣室	0.4 m^2/ 人
淋浴间	0.8 m^2/ 个
更衣柜、淋浴喷头	容纳总人数的 12% ~ 18%

泰丽丝健身中心位于卓美亚阿联酋塔酒店购物胜地 Boulevard 上层，占地 1 000 m²，泰丽丝健身中心训练区配备最先进的 Technogym 健身设备和集成 Wellness 系统，还有专业的健身与生活方式教练团队可以帮助您制定和实现健身目标，并为您提供定期评估和量身定制的一对一培训课程。

（三）区域划分

完整的健身中心应包括如下功能区域：

（1）接待区：应设置在健身中心的入口处，负责宾客接待、收银、物品寄存等。主要由接待台和宾客临时休息区域组成。

（2）更衣室和淋浴区：更衣室和淋浴区需设置在健身中心紧邻接待区的位置上，为宾客提供锻炼前后的更衣和淋浴。更衣和淋浴区要干湿分离，保持良好的空气流通和合适的温度。地面采用防滑材料铺设，空调避免直接吹到宾客活动范围内。男女设置比例要适当，通常男位多于女位。

（3）准备活动区域：是宾客健身前热身准备的活动空间，通常就在各个功能项目空间的入口处留出一个活动的空间。准备活动区域要求场地宽敞，无家具和设施，地面采用木地板为主。

（4）心肺功能训练区：设置心肺功能训练器材，地面多以地毯为主，以减少噪声。

（5）体能训练区：配备各种力量型训练器材，该区域要宽敞以保证有足够的训练空间，地面采用强度较好的本地木板。

（6）健身体操区：地面采用较好的木地板，室内应选择主墙面将其设置成一个镜面墙，便于宾客观察自己的训练状态。室内照明须均匀并配备有讲课设施等。

（7）水吧服务区：健身中心需设置一定的休息区域或休息室，配置水吧等设施设备为宾客提供服务。

注意：根据健身中心的面积大小，各功能区域可以单独分间设置，特别是相互干扰和影响较大的项目必须独立设置。如整个健身空间面积有限，可根据实际情况采用通间形式将相近的功能训练区域设置在同一个空间内，但需要将功能区块分离。各个功能区域需根据科学的训练流程来设置其位置，体能训练和心肺训练宜靠近设置，心肺训练宜设置在采光较好的位置，健身中心的墙面需适当地设置部分镜面，便于宾客观察自己的训练状态，起到扩大空间的作用。

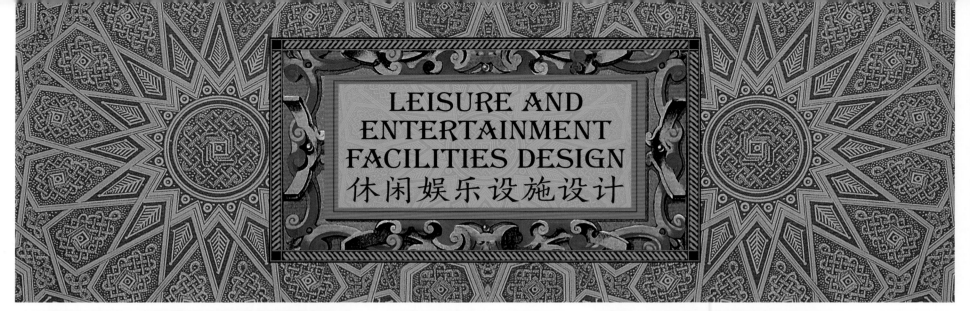

LEISURE AND ENTERTAINMENT FACILITIES DESIGN
休闲娱乐设施设计

书吧

书吧是酒店为顾客提供读书、学习和交流的场所，集图书馆、书店、茶社或咖啡厅于一身，人们可以在饮茶、喝咖啡、聊天的同时，翻阅时尚书刊、流行书籍，并且在舒缓的节奏中放松身心。

从功能上看，书吧不仅提供了具体的休闲设施和服务，在图书销售的同时，还提供饮料和食品，并为客户提供使用的休闲空间。从格局上看，书吧不再像是传统书店那样以图书展示和销售图书为主，而是将休闲娱乐空间与书架设置空间结合起来。从优势上看，书吧不仅扩大了消费群体与服务范围，还可以提供实体商品的书籍和饮料；在为无形产品休闲服务的同时，与传统书店相比，与现代生活方式更加贴合，使阅读更时尚。

书吧的自由阅读区一般是阅读桌，可容纳十多人，周边放置各种报刊杂志，可供顾客自由翻阅，也可以在此交流信息。专座区由读书卡座配置专用电脑组成。室内设有时尚吧台，顾客可在阅读间隙到吧台品茶、喝咖啡、吃蛋糕，放松心情，在惬意中回味阅读的乐趣。

书吧设计要求：

1. 书架与地面应充分考虑图书的承重，如果是双层人行书吧，还要考虑人在上面行走的承重；

2. 书吧设计应与整体酒店风格保持一致，并体现文化特质；

3. 书吧应位于安静的环境；

4. 书吧座位灵活可移动，便于小型的聚会；

5. 可与红酒吧、咖啡吧、雪茄吧联合起来，但以不影响其他客人的阅读使用为前提；

6. 灯光设计以柔和、温暖、明亮为主，灯光不会直射读者的眼睛；

7. 书吧整体氛围以舒适方便、温馨恬静为基调，材料选择以质地平和、简洁、淡雅的自然材料为主，并点缀适量的玻璃、金属和高分子类材料，显示时代气息。木材具有质轻、强度高、韧性好、热工性能佳且手感、触感好等特点，纹理和色泽优美愉悦，易于着色和油漆，便于加工、连接和安装，但需注意应作防火和防蛀处理；

8. 对墙身有一定的保暖、隔声、隔热的要求。

红酒会所

红酒作为一种情感化的精神需求的载体，不同于其他快速消费品，在设计红酒会所时要有让顾客有走进另一个不同国度的感觉。在作为红酒企业形象和实现品牌和销量的主要窗口和平台的同时，应使顾客体验到真正的放松与享受，让喜好红酒的人士感觉到红酒文化的底蕴，使对红酒没有深知卓见的人也有一种想一品为先的冲动。

此外，对于红酒会所的装修设计还应注意以下几个方面的内容：

1. 注意葡萄酒储存湿度

若贮酒环境太湿，容易造成软木塞及酒标的腐烂，太干则容易使软木塞失去弹性，无法紧封瓶口。因此，70%左右的湿度是最佳的贮酒环境。低于40%，软木塞的干缩情况会加剧，酒会很快变质，但湿度超过75%时，酒标容易发霉。

澳门美高梅酒店

澳门美高梅酒店内两层楼高的玻璃酒窖（Magnificent Wine Cellar & exclusive dining room），显现不同凡响的手笔。这里收藏了超过一万支葡萄酒，酒窖内还设有一张十二人用的特长餐桌，在万支葡萄酒陪伴下进食，充满醉人气氛。

2. 注意葡萄酒储存光度

贮酒环境最好不要出现任何光线，否则容易使酒变质，特别是日光灯，容易让酒产生还原变化而发出浓重难闻的气味。故在红酒会所装修设计酒窖时，一定要注意灯光问题。

3. 注意葡萄酒储存通风

葡萄酒像海绵一样，会将周围的气味吸到瓶里去，所以在红酒会所装修贮酒环境中，最好能保持通风状态。同时，在红酒会所装修后也切忌在同一个环境中摆放其他气味太重的东西，以免破坏酒的味道。

4. 红酒柜需要具备的特点

葡萄酒柜又称红酒冰柜，是用于保存、展示葡萄酒的专用电器，主要具备以下特点：

（1）恒温性高：葡萄酒储藏忌讳温度的波动，其环境温度最好维持在 11 ℃左右的恒温状态下，若温度变化太大，不仅破坏了葡萄酒的酒体，在热胀冷缩的作用下，还会影响软木塞而造成渗酒现象。因此，贮酒环境维持在恒温 5 ~ 20 ℃的环境下，都是可以接受的范围。因此采用精密压缩机保持温度的恒定是酒柜的首要目的；

（2）湿度调节：为了防止瓶塞干燥萎缩，酒柜内部需要保持在 55% 以上的湿度，这是冰箱所无法达到的；

（3）避振：振动会影响葡萄酒的品质，所以必须采用防振压缩机、实木木架；

（4）避光：为避免紫外线对葡萄酒造成伤害，酒柜的玻璃门必须防紫外线；

（5）通风：防止异味的产生，内部通风系统也是必须具备的。这也是冰箱所不具备的。

Rare Restaurant 里豪华的毛绒皮革座位、浪漫的壁挂式壁炉、萦绕空间的照明、惊人的艺术品以及各式各样的藏酒，共同创造出一个与众不同的酒窖空间氛围。

儿童会所

一、空间功能划分

（1）游乐区

　　由于不同年龄的儿童其生理、心理特点，以及兴趣爱好、运动量大小等不同，在活动内容的安排上可适当进行分区，通常分为幼儿区、学龄儿童区、体育运动区、娱乐和科技活动区，这样可满足不同年龄阶段儿童的需要，让孩子们根据自己的爱好选择不同的游乐场所。每个活动区的游乐设施、器械也是不一样的，游戏活动的内容因儿童年龄大小的不同而不同。如学龄前儿童多安排运动量小、安全和便于管理的室内外游戏活动，如游戏小屋、室内玩具、电瓶车、转盘、跷跷板、摇马、绘画板、涉水池等；而学龄儿童则多安排少年科技展、阅览室、障碍活动、水上活动、小剧场、集体游戏等活动内容。

（2）服务区

服务区属于儿童会所的配套设施，如杂货店、冷饮店、公用电话厅等等，为儿童会所的儿童或家长在需要时提供服务。另外还包括卫生系统和信息系统。

卫生系统有垃圾箱、饮水机、公共厕所灯。儿童会所内的垃圾箱的设计要考虑儿童的身高，方便儿童使用。为了使垃圾箱与环境融合，应注重垃圾箱的形象艺术化，色彩明快，形态简洁大方。

在儿童会所内设置饮水机、洗手器，无论大人、小孩，可饮水、洗手、洗果品等，不仅使用方便，对于培养孩子的卫生习惯，提高他们的健康水平和素质也有一定的积极作用。饮水器造型应单纯简单，材料有石材、陶瓷器，也有用金属铸造而成，或者使用不锈钢金属制成。因为饮水器的使用者有大人、小孩及残疾人等，因此根据使用功能和使用对象的不同，其出水口设置的高度有必要作一定的调整。一般调整的方法有两种：改变出水门的高度以适应不同对象的要求；出水口的高度如统一，则可以改变踏步台的高度。用水器的高度，地面至出水口为 100 ～ 110 cm，低处一般为 60 ～ 70 cm，踏步台的高度以距地面 10 ～ 20 cm 开始设置为宜。

公共厕所是儿童会所卫生系统的另一个重要设施，在儿童会所中应有明显的标志，方便儿童辨认，四周应加以绿化，尽量采取高效、节水型的卫生设备。

信息系统包括标志、商店招牌、广告牌、路标牌等等。在儿童会所中，儿童如何识别场地，路标发挥着不可估量的作用。作为传递信息的媒介，标牌应引人注目，特别是儿童的关注，除了形状简洁独特，还可以在色彩上采用儿童喜爱的明亮颜色，便于儿童记忆，从而对儿童产生一种引导性作用。

（3）休息区

该区是为陪同孩子前来的家长提供的休憩场所，由于学龄前的儿童年龄较小，需要家长陪同，在儿童会所内可设置一些座椅，供家长们休息，场地应比较平坦，方便家长照看小孩。休息椅除了常见的单体设置外，还出现了与其他环境设施组合成复合形态的道具，但在规划设计中应有一定的秩序化。

二、设计要点

（1）造型设计

儿童会所仿生家具的造型设计首先在视觉上应生动活泼，贴近自然，贴近生活，造型外观富有生动的表现力。其次，在造型上最好选用自然生态中的动物、植物等。对于年龄较小的儿童，可提高对于该事物的认知，同时还有利于锻炼儿童的观察能力。第三，在造型中融合千变万化的图案可以满足儿童对整个事物的想象。在具有仿生造型的基础上加入更多的图案，通过具有变化的造型和抽象的图案吸引儿童的注意力，符合儿童乐于探寻的心理。第四，儿童会所设备仿生家具的造型要具有趣味性，吸引儿童的兴趣，符合儿童心理发展特点。

（2）色彩设计

在色彩的选择上，首先要符合儿童的年龄特点，一些被赋予了童真色彩的家具，往往更能获得孩子的青睐，引起儿童在心理上的共鸣。儿童热爱自然的天性在家具色彩中能更好地体现和把握，运用自然生物的固有色或同色系能使儿童更容易识别。同时，添加适当的对比色可使家具在色彩上具有强烈的吸引力和冲击力。在儿童会所这样的环境中，色彩明度较高暖色系的家具会让儿童心情愉悦。

（3）仿生家具主题

体现针对儿童的不同喜好、个性及当前儿童关注的热点进行角色针对的设计，即为主题设计。主题设计中以孩子喜爱的故事主题或游戏主题为题材进行家具设计。运用手法即模仿或还原故事内容为主线的仿生家具设计。在主题中孩子可以设想为故事的主人公，在这些仿生家具的陪伴下，如同进入了童话世界。通过主题设计，可以使得儿童家具更好地融合在儿童会所这个特定范围。在这里家具作为道具出现，方便他们随时编造故事内容，展开他们丰富的想象空间和探索空间，赋予原本平淡的家具以生命。

（4）选材

儿童会所的选材，安全、环保、保护儿童是第一位。以选取易于清洁和维护的材料和色彩为主；表层材料的选择应考虑对儿童摔落时的缓冲能力；应抗应变，无化学物质。

其他配套设施

酒店一般会根据当地文化特色和目标客户的消费需求，引进一些特别的配套设施，以打造自身个性特色。比如有的酒店会引进小教堂，举办新人婚礼；或者引入祈祷室，满足客人的宗教需求；此外还有电影院、剧院、斯诺克室等等，一切以人为本，让客户达到最大程度的满足。

一、台球室

桌球，亦称台球，分为英式、法式、美式三种类型。其主要区别在于其设施的规格尺寸和游戏规则，我们通常使用的是英式和美式两种台球。正规比赛一般采用的是英式台球，又称"斯诺克"。台球是室内运动项目，不受天气、季节、时间等因素的影响。台球运动量不大，参与人数灵活，老少皆宜，不仅健身而且益智。

1. 台球的设施设备和空间尺度

台球的设施设备主要包括：台球桌、球杆、台球、记分牌、球杆架、灯光设施以及辅助设施等。英式斯诺克球桌尺寸为 3 820 mm × 2 035 mm × 840 mm；美式落袋球桌尺寸为 2 810 mm × 1 530 mm × 840 mm；花式九球球桌尺寸为 2 850 mm × 1 580 mm × 840 mm；台球室空间尺寸需根据球桌尺寸和人体活动尺寸、辅助设施设备来规划和确定。球桌边缘到墙面至少留有 1.5 m 以上的距离，以保证有效的活动空间。

2. 台球室的规划要点

台球室内环境要舒适、安静、清洁卫生、通风良好。运动设备配置要齐全并符合标准和要求。室内照明采用局部照明方式，以避免出现散射和眩光。球台区域的照明灯具置于灯罩内，其照度不低于 60 lx，其他区域的照明值为球台区域的 1/5 ~ 1/3。室内设置休息座椅和物品储存设施供宾客使用。

二、电影院

电影院设计应为观众创造安全和良好的视听环境，为工作人员提供方便有效的工作环境。设计应遵守酒店所在国家的规范要求。

（一）不同类型影片的规格

（1）通银幕影片：片宽为 35 mm，高宽比为 1：1.375 的影片；

（2）变形法宽银幕影片：拍摄时将景物横向压缩于 35 mm 普通影片上，放映时又经变形镜头展宽还原的西尼玛斯科普系统。此处指银幕画面高宽比为 1：2.35 的光学立体声或非立体声影片；

（3）遮幅法宽银幕影片：拍摄时将 35 mm 影片的片门上下遮挡，放映时用短焦距镜头放大，高宽比为 1：1.85（也有 1：1.66 等）；

（4）70 mm 影片：片宽为 70 mm，高宽比为 1：2.2 和 1：1.78 的较大视野的磁性立体声影片。

（二）视角的要求

（1）水平斜视角：边座观众至普通银幕远边的视线与普通银幕所形成的夹角，第一排边座的最小水平斜视角不应小于 45°；

（2）仰视角：中心观众至最高画面上缘的视线与视平线之间的夹角，第一排中心观众的最大仰视角不应大于 46°；

（3）放映俯（仰）角：放映光轴与银幕中形成的垂直俯（仰）角，仰角不宜大于 3 度，俯角不宜大于 6°；

（4）放映水平偏角：放映光轴与银幕中心法线所形成的水平偏角，不应大于 3°。

（三）电影院设计通用规则

电影院主要由观众厅、门厅、休息厅、放映机房、多种营业用房、办公用房、设备用房等组成。各类用房根据电影院规模、等级以及经营和使用要求可增减或合并，其主要用房的分区规划应符合下列要求：

（1）根据功能分区应合理安排观众厅区、放映机房区的位置，对于多厅电影院应做到观众厅区相对集中，放映机房区宜设置中央放映机房；

（2）解决好各部分之间的联系和分隔要求，各类用房在使用上应有较大的适应性和灵活性，便于分区使用统一管理；

（3）根据使用功能，除观众厅外，应使大多数房间或重要房间布置在有良好日照、采光、通风和景观的部位；

（4）电影院夜间宜有霓虹灯或现代化灯光装饰，有活动影像以突出影院氛围；

（5）电影院建筑应考虑维护管理的方便性和经济性,使用中发生紧急情况时应有安全、可靠的对策；

（6）电影院建筑中应设方便残疾人的设施。

（四）观众厅的设计要求

（1）观众厅的设计应将银幕的设置空间作为统一整体考虑，观众厅的长度不宜大于 30 m，观众厅的长度与宽度的比例应为 1.5(±0.2)：1；

（2）观众厅最大面积不宜大于 700 m^2，观众厅最大座位数不宜大于 600 座；

（3）观众厅的平面应符合所在建筑物的柱网结构。楼面活荷载应取 3 kN/m^2；

（4）观众厅体形设计，应使声场分布均匀，避免声聚焦、回声等声学缺陷；

（5）观众厅的净高度不宜小于视点高度、银幕高度与银幕上方的黑框高度 (0.5 ~ 1.0 m) 的总和；

（6）观众厅的每座平均容积宜取 6 ~ 10 m^3；

（7）观众厅每座平均面积不宜小于 1.20 m^2，不宜大于 1.50 m^2；

（8）第一排观众座位地面离银幕画面下沿的最高视点高度不宜大于 1.50 m，不应大于 2.00 m；

伦敦 W 酒店放映室的设计非常特别，采用红色的豪华座椅和黑色的背景，三维立体的光柱设计让这里显得现代感十足。电影人可以在此放映影片，这里的设备都是最先进而且专业的。

（9）最近视距不宜大于银幕最大画面宽度 W 的 0.6 倍，不应小于银幕最大画面宽度 W 的 0.5 倍；

（10）最远视距不宜小于银幕最大画面宽度 W 的 1.8 倍，不应大于银幕最大画面宽度 W 的 2.2 倍；

（11）观众厅的地面升高应符合视线无遮挡的要求；

（12）观众坐在座位上眼睛距地面的高度（ h ）宜取 1.10 ～ 1.15 m。

（13）座椅扶手中距不应小于 0.55 m，净宽不应小于 0.48 m；

（14）座位排距不宜大于 1.00 m，不应小于 0.95 m，椅背到后面一排最突出部分的水平距离不应小于 0.35 m；

（15）观众厅入场通道净宽不应小于 1.50 m；

（16）横走道的通行宽度不宜大于 1.50 m，不应小于 1.20 m；

（17）观众厅走道最大坡度不应大于 1：8，坡度在 1：10 ～ 1：8 之间时，应做防滑处理，超过 1：8 时，应采用台阶式踏步，踏步高度不应大于 0.16 m；

（18）观众席应预留残疾人轮椅座位，座位深应为 1.10 m，宽为 0.80 m，位置应方便残疾人入席及疏散，并应设置国际通用标志；

（19）供轮椅使用的坡道不应大于 1：12，困难地段不应大于 1：8；

（20）入场门的净宽不应小于 1.40 m。

（五）放映室、声学、噪声、防火等规范应由专业公司出具相关方案

（1）电影院设计应包括声学设计；声学设计应参与建筑、室内装修设计全过程；

（2）电影院内各类噪声对环境的影响，应按酒店所在国家标准执行；

（3）电影院建筑防火和疏散设计应按酒店所在国家标准防火规范执行。

（六）疏散

（1）电影院建筑应合理组织交通路线，并应均匀布置安全出口、内部和外部的通道、使分区明确、路线短捷合理，进出场人流应避免交叉和逆流；

（2）小厅应设疏散门一个；中厅宜设疏散门两个；大厅应设疏散门两个；

（3）疏散门的净宽不应小于1.40 m；

（4）疏散门应为两樘隔声门，两樘隔声门之间宜设声闸；

（5）采用双扇外开门，并应向疏散方向开启；

（6）疏散内门不应设置门槛，在紧靠门口1.40 m范围内不应设置踏步；

（7）疏散内门应为自动推闩式外开门，严禁采用推拉门、卷帘门、折叠门、转门等；

（8）疏散门内外标高应一致或和缓过渡；门道内应无突出物及悬挂物；

（9）在疏散门头显要位置设置灯光出口指示标志；

（10）疏散走道室内坡道不应大于1：8，室外坡道坡度不应大于1：10，并应有防滑措施。为残疾人设置的坡道坡度不应大于1：12；

（11）每段疏散通道不应超过20 m；各段均应有通风排烟窗；疏散走道宜有天然采光和自然通风（设有排烟和事故照明者除外）；

（12）观众使用的疏散楼梯主楼梯净宽不应小于1.40 m；

（13）疏散楼梯踏步深度不应小于0.28 m，踏步高度不应大于0.16 m，楼梯最小宽度不得小于1.2 m，转折楼梯平台深度不应小于楼梯宽度。直跑楼梯的中间平台深度不应小于1.2 m；

（14）疏散楼梯不得采用螺旋楼梯和扇形踏步。踏步上下两级形成的平面角度不超过10°，且每级离扶手0.25 m处踏步宽度超过0.22 m时，可不受此限制；

（15）外疏散梯净宽不应小于1.10 m，下行人流不应妨碍地面人流；

（16）观众席的安全出口上方和疏散走道出口、转折处应设疏散标志灯。疏散走道内应设疏散指示标志。疏散路线的疏散指示、导向标志灯、疏散标志灯，必须满足疏散时视觉连续的需要。

曼谷暹罗酒店（The Siam）的观影室位于主楼大堂层，配有古董木质折椅与天鹅绒法式影院座椅，将泰国历史生动地展现在人们眼前。这处空间同样可举办电影之夜和客座讲座。

三、剧院

为了发挥空间的最大效益，有些酒店也会将剧院与电影院功能结合起来使用。一般酒店自备的影剧院规模不会太大，因而在设计上影院功能结合更为便利。

剧院的设计要求，我国的规范要求如下：

剧场建筑根据使用性质及观演条件主要分为歌舞、话剧、戏曲三类。剧场为多用途时，其技术标准应按其主要使用性质确定，其他用途应适当兼顾。

剧场建筑的质量标准分特、甲、乙、丙四个等级。特等剧场的技术要求根据具体情况确定。

1. 甲、乙、丙等剧场应符合下列规定：

（1）主体结构耐久年限：甲等 100 年以上，乙等 50～100 年，丙等 25～50 年；

（2）耐火等级：甲、乙等剧场不应低于二级，丙等剧场不应低于三级。

2. 前厅部分：前厅面积应按甲等剧场不小于 0.30 m²/座，乙等剧场不小于 0.20 m²/座，丙等剧场不小于 0.12 m²/座计。

3. 观众厅：

（1）剧场观众视线设计应使观众能看到舞台面表演区的全部。如受条件限制时，也应使最偏座席的观众能看到 80% 的表演区；

（2）视点选择一般宜选在舞台面台口线中心地面处；

（3）视线升高差"c"值应取 0.12 m；

（4）隔排计算视线升高值时，座席排列必须错排布置，保证视线直接看到视点；

（5）儿童剧场视线升高设计应采用较高标准；

（6）舞台面距第一排座席地面的高度不应小于 0.60 m，且不应大于 1.15 m；

（7）观众视线最大俯角，楼座后排不宜大于 20°，靠近舞台的包厢或边楼座不宜大于 35 度；

（8）观众席面积：甲等剧场不应小于 0.70 m²/座；乙等剧场不应小于 0.60 m²/座；丙等剧场不应小于 0.55 m²/座。

4. 舞台设计

（1）台口宽度、高度和主台宽度、进深、净高均应与演出剧种、观众厅容量、舞台设备、使用功能及建筑等级相适应；

（2）台唇边沿到台口线的距离不应小于 1.20 m；

Meyana 在阿拉伯语中意为"传统阿拉伯巨轮上的主桅杆"。Meyana 礼堂位于会议中心正中，呈阶梯式布置，内饰以蓝绿色调装潢，代表大自然的水元素，营造出舒适宁静的空间氛围。

（3）主台和台唇的台面应符合下列规定：台面应做木地板，板面不宜光滑；台面活荷载不应小于 4 kN/m²；

（4）主台上部应设栅顶，如受条件限制不设栅顶，必须设工作桥；

（5）栅顶或工作桥的工作净高度不应低于 1.80 m，宽度不应小于 0.65 m；

（6）栅顶或工作桥的活荷载应根据实际计算，但不应小于 1.5 kN/m²，栅顶缝隙宽不宜大于 30 mm；

（7）天桥的活荷载和变向荷载均应按实际计算，但不应小于 2 kN/m²；

（8）第一层天桥的高度，应使侧光光轴射到舞台轴线，与台面的夹角不大于 40°。桥下如设置风管，不得影响侧台口的通行高度；

（9）侧天桥除满足安装设备外，其通行净宽不应小于1m，后天桥净宽宜为0.60～0.90m；

上层天桥的净高宜为3m；

（10）舞台面至第一层天桥，凡有配重块升降的部位，应设护网，护网承受的水平荷载不应小于0.5 kN/m²，护网构件与运行配件的间隙不应小于50 mm，护网应设检修门；

（11）主台通后台的门，不应少于两个，位置应使演员上下场和跑场方便，但应避免在天幕后墙开门。门的净宽不应小于1.50 m，净高不应低于2.40 m。

5. 乐池

（1）歌舞剧场必须设乐池，其他剧场可视需要设置。乐池面积按乐队人数计算，乐队每人不应小于1 m²，伴唱每人不应小于0.25 m²，乐池开口进深不应小于乐池进深的2/3；

（2）乐池地面至舞台面的高度不宜大于2.20 m，台唇下面的净高不宜低于1.85 m；

（3）乐池应两侧开门，门的净宽不宜小于1.20 m，净高不宜低于1.85 m。

6. 舞台机械设备

（1）剧场舞台设计，应根据工艺，满足舞台上部各种悬吊设备和下部各种舞台机械设备的安装、检修、操作和使用等技术要求；

（2）栅顶上部应设悬吊大幕、假台口、吊杆等设备的专用梁，其位置、数量、长度、荷载视舞台工艺要求而定；

（3）各种舞台机械台面的活荷载不得小于4 kN/m²，可动台面与不动台面的缝隙不得大于8 mm，高差不得大于5 mm；

（4）凡为舞台机械而设的台仓，其地坑、平台、检修空间和通道，必须设固定的工作梯和坚固连续的栏杆。

手绘壁纸（涂鸦）是一种十分时尚、几乎不会过时的装饰方法。过时的只有涂鸦的内容，但只要重新粉刷，覆盖掉原图，再重新绘制新的图案，便又呈现出另一种风格。它犹如一件让人惊喜的艺术品，可以出现在空间中的任意一个角落，不管是整面墙壁，还是某个角落，甚至是整个空间，简单有效，又极具艺术美感。

四、教堂

教堂有近 500 年的历史，璀璨的空间到处装饰着镶着宝石的精美艺术品，营造出一种神圣、庄严的空间氛围。

慕利亚教堂偌大的空间采用玻璃及木材建筑在静谧的水池上，设计简约，却透露出磅礴的气势，180°全景观的印度洋尽收眼底。

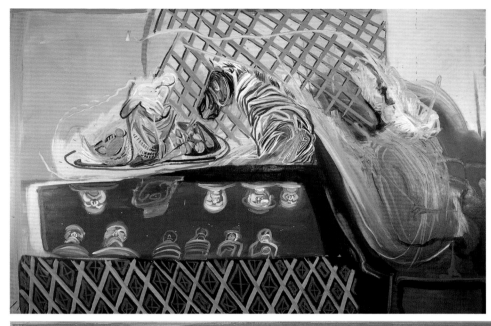

六、其他休闲区

参考资料：
百度文库
百度百科
《长三角地区城市星级酒店游泳池设计》作者：郝睿敏
《星级酒店健身房的前期规划》作者：尼莫
《酒店设计与策划》
《桑拿保健室经营与管理》百度文库
《土耳其文化》 来源：中土文化及信息交流中心网
《土耳其浴及其文化》 来源：数字中国网
《浅谈"以人为本"设计理念在时尚书吧设计中的运用——"书程小驿"时尚书吧设计》作者：黄杨
《儿童游乐场环境设计研究》豆丁网
《浅谈儿童游乐园设计要求事项》 来源：商业空间装修知识

图书在版编目（CIP）数据

奢华酒店：从来不说的设计秘诀 / 黄滢，马勇 主编 . – 武汉：华中科技大学出版社，2015.1
ISBN 978-7-5680-0590-6

Ⅰ.①奢… Ⅱ.①黄… ②马… Ⅲ.①饭店 – 建筑设计 – 世界 – 图集 Ⅳ.① TU247.4–64

中国版本图书馆 CIP 数据核字（2015）第 022766 号

奢华酒店：从来不说的设计秘诀（1、2）　　　　　　　　　　　　　黄滢 马勇 主编

出版发行：华中科技大学出版社（中国·武汉）
地　　址：武汉市武昌珞喻路 1037 号（邮编：430074）
出 版 人：阮海洪

责任编辑：熊纯　　　　　　　　　　　　　　　　　责任监印：张贵君
责任校对：岑千秀　　　　　　　　　　　　　　　　装帧设计：筑美空间

印　　刷：利丰雅高印刷（深圳）有限公司
开　　本：889 mm × 1194 mm　1/12
印　　张：50（第 1 册 26.5 印张，第 2 册 23.5 印张）
字　　数：300 千字
版　　次：2015 年 4 月第 1 版 第 1 次印刷
定　　价：698.00 元（USD 139.99）

投稿热线：（020）36218949　　　duanyy@hustp.com
本书若有印装质量问题，请向出版社营销中心调换
全国免费服务热线：400-6679-118 竭诚为您服务